Hans Stemper

Kompliziert compliant?

Rund 140 Millionen Einträge in Google sowie eine große Anzahl an Presseartikeln und Whitepapers zeigen deutlich: Das Thema »Compliance« ist in und hat die übrigen »Hot Topics« der IT wie SOA (30 Millionen Einträge) oder Governance (50 Millionen Einträge) und Risk Management (70 Millionen Einträge) auf die hinteren Ränge verwiesen. Wobei die letzteren beiden in letzter Zeit häufig mit Compliance zusammen erwähnt werden.

Doch was bedeutet Compliance eigentlich genau?

Eine Definition ist schnell gefunden, so dachte ich anfangs. Eine erste Suche im Internet ergab 28 Definitionen auf Englisch, auf Deutsch immerhin noch elf – allerdings kaum mit Übereinstimmungen. Doch wofür gibt es Wikipedia? Dort wurde ich schließlich fündig: »Compliance bezeichnet die Einhaltung von Verhaltensmaßregeln, Gesetzen und Richtlinien bei Unternehmen«, so kann man dort lesen, wenn man die Spezialdefinitionen mal beiseite lässt. Dies gelte auch für IT-Compliance, wobei hier der Fokus jedoch stärker auf den Aspekten Datensicherheit, Verfügbarkeit und Datenschutz liege.

Der historische Rückblick zeigt: »Compliance« ist nicht neu. Die Ursprünge liegen Mitte der siebziger Jahre des vorigen Jahrhunderts, als die »United States Securities and Exchange Commission (SEC)« feststellte, dass ein bedeutender Anteil der amerikanischen Unternehmen in Bestechungsskandale in Übersee verwickelt war. Gemäß einer Aussage des »United States Department of Justice« im Jahr 2006 leisteten zu der Zeit mehr als 400 Unternehmen nach eigenen Angaben fragwürdige oder illegale Zahlungen an ausländische Regierungsmitglieder, Politiker und Parteien. In einem der infamsten Fälle gab ein Verantwortlicher von Lockheed Martin zu, 22 Millionen US-Dollar für Bestechungen an japanische Regierungsoffizielle zum Kauf von ihren Flugzeugen aufgewandt zu haben. Um das Vertrauen in die amerikanische Wirtschaft wiederherzustellen, wurde im Dezember 1977 der »Foreign Corrupt Practices Act« als Gesetz verabschiedet; eine der ersten Compliance-Richtlinien, der noch zahlreiche folgen sollten.

In den darauffolgenden Jahren häuften sich sowohl in den Vereinigten Staaten als auch in Europa die Unternehmensskandale. Bis heute wurden Milliarden an Firmenwerten vernichtet, wurden Anleger und Mitarbeiter um ihre Ersparnisse und Pensionsrückstellungen gebracht. So zum Beispiel bei dem Zusammenbruch der Barings Bank durch riskante und unerlaubte Zins- und Währungsspekulationen (1995), bei der Insolvenz von Enron nach der Aufdeckung von Bilanzfälschungen (2001), bei dem von Worldcom eingeleiteten Börsenskandal (2002), Tyco (2004) oder zuletzt durch die Milliardenverluste der Société Générale (2008).

Auch die IT-Branche blieb von derartigen Skandalen nicht verschont, ausgelöst beispielsweise durch mangelnde Sorgfalt beim Umgang mit Kundendaten. So mussten etliche Unternehmen in Großbritannien und den USA in den vergangenen Jahren eingestehen, Daten von etlichen Millionen Kunden aus den Augen verloren zu haben; zuletzt im Juni 2008, als die Bank of New York Mellon den Verlust eines Magnetbandes mit Daten von rund 4,5 Millionen Kunden bestätigen musste.

Die Gesetzgebung reagierte darauf mit neuen Gesetzen, die Überwachungsorgane mit zusätzlichen Richtlinien. Allein in den USA wurden in den letzten drei Jahren 14.000 neue Vorschriften erlassen, die die gesamte Bandbreite an unternehmerischen Aktivitäten abdecken: von Steuerzahlungen und Finanzberichterstattung bis zur Überprüfung der Fertigungsqualität und Überwachung der Materialnutzung. Der Sarbanes-Oxley Act (SOX), Basel II, die EU-Datenschutzrichtlinien oder Markets in Financial Instruments Directive (MiFID) sind nur einige der bedeutendsten Vorschriften. Auf IT-Seite werden sie vom Telekommunikationsgesetz, dem Bundesdatenschutzgesetz (BDSG) und den Grundsätzen zum Datenzugriff und zur Prüfbarkeit digitaler Unterlagen (GDPdU) begleitet.

Die Erfüllung dieser Vorschriften, und nichts anderes bedeutet Compliance, ist so für viele Unternehmen, vor allem für die international tätigen, zu einer millionenschweren Herausforderung geworden. Die Marktforscher von AMR Research schätzen, dass die Kosten für Compliance-bezogene Maßnahmen in den kommenden fünf Jahren die 80-Milliarden-Dollar-Grenze erreichen werden. Forrester spricht von 115 Millionen Euro, die von europäischen Großbanken allein zur Einhaltung der Basel-II-Richtlinie aufgewandt werden müssen. Und Gartner schätzte bereits 2006 die jährlichen Ausgaben der amerikanischen Unternehmen auf 7.000 Dollar pro Jahr und Mitarbeiter.

Die Finanzierung dieser Ausgaben ist nicht das einzige Problem. In einem regelrechten Compliance-Dschungel fällt es mittlerweile schwer, den Überblick zu behalten. Oft hat ein Unternehmen in verschiedenen Ländern mit entsprechend unterschiedlichen Bestimmungen zu kämpfen. Teilweise sind die Bestimmungen einiger Länder sogar widersprüchlich mit denen anderer Regionen und bringen so die Unternehmen in eine unangenehme Zwangslage.

Die Frage ist also: Wo endet der Nutzen von Compliance? Wann wird Compliance so kompliziert, dass der ursprüngliche Sinn verloren geht, nämlich das verantwortungsvolle Handeln von Unternehmen zu sichern?

Auf der einen Seite müssen Richtlinien und Vorschriften den Unternehmen wettbewerbskonformes Handeln ermöglichen. In der Realität ist jedoch das Gegenteil der Fall: Unternehmen in stark regulierten und kontrollierten Märkten sind am internationalen Markt benachteiligt.

Auf der anderen Seite streben die Gesetzgeber auch ein benchmarkführendes Handeln an, um die führenden Unternehmen anzuspornen und die nachfolgenden auf ein höheres Niveau zu zwingen. Um dieses Ziel zu erreichen, ist die frühzeitige Mitarbeit und Diskussion mit den betroffenen Unternehmen erforderlich.

Meiner Meinung nach gehört die Einhaltung der Richtlinien zum verantwortungsvollen Umgang mit Unternehmenskapital und sollte dem den Führungskräften entgegengebrachte Vertrauen entsprechen. Richtlinien und Vorschriften sind immer dann gut, wenn sie den Schutz der Anleger, Mitarbeiter und Kunden als primäres Ziel haben. Sollten die Führungskräfte dieses Vertrauen missbrauchen, so müssen sie sich dieser Verantwortung auch im rechtlichen Sinne stellen.

Hans Stemper
Principal Consultant
GFT Group
Parc d'Activitats Econòmiques Can Sant Joan
Av. de la Generalitat, s/n
08174 Sant Cugat del Vallès (Barcelona)
Spanien
hans.stemper@gft.com
www.gft.com

Editorial

Kundendaten der Banken werden an die Finanzbehörden übertragen, Adress-, Konten- und Kreditkarteninformationen von Millionen Bürgern sind Handelsware. Unerlaubte Nutzung und Zugriff auf personenbezogene Daten werden geradezu als Kavaliersdelikt betrachtet. Schmiergeldaffären und andere gravierende Unregelmäßigkeiten bei namhaften DAX-Unternehmen, die alle den weltweiten Compliance-Richtlinien unterliegen – Schlagzeilen, die man regelmäßig in den Medien findet. Dabei handelt es sich keineswegs um ephemere Phänomene – im Gegenteil!

Es werden gesetzliche und aufsichtsrechtliche Regelwerke oder auch freiwillige Kodizes nicht eingehalten. Ein Verstoß gegen Compliance, ein Versagen des Risk Management mit teilweise gravierenden Folgen für die betroffenen Unternehmen: von Renommeeschädigung über Verlust von Kunden bis hin zu strafrechtlichen Konsequenzen für die Verantwortlichen. Wer möchte schon Kunde eines Kreditinstitutes oder eines Handelshauses sein, das so sorglos mit den eigenen persönlichen Daten umgeht? Wohl keiner.

Ein geflügeltes Wort besagt: Die Qualität einer Organisation zeigt sich im Umgang mit Beanstandungen. Das lässt sich übertragen: Die Qualität einer IT zeigt sich im Umgang mit den in den IT-Systemen verarbeiteten, den ihr anvertrauten Daten! Da steckt das Wort Vertrauen drin – ist es gerechtfertigt? Kann die IT dabei aktiv helfen beziehungsweise geht es nur mit dem richtigen Einsatz von IT, dass die gesetzlichen und unternehmensintern definierten Regeln eingehalten und ihre Risiken im Griff behalten werden können? Stimmen die Prozesse, die Genehmigungsworkflows, die Berechtigungen und vor allem auch die Datenqualität?

Das geht nicht automatisch, wenn es sich auch automatisieren lässt. Hier setzt die vorliegende HMD-Ausgabe an. Die Beiträge geben einen Überblick zum Thema IT-Compliance und Risk Management mit seinen Facetten inklusive der dazu notwendigen Governance-Modelle. Aber auch spezielle Einblicke beispielsweise in die Automatisierungsmöglichkeiten, das Outsourcing oder die spezifische Situation im Mittelstand werden behandelt. Mit Leichtigkeit hätte man die doppelte Anzahl an Seiten mit diesem brandaktuellen und an Bedeutung stetig zunehmenden Thema füllen können, so polymorph und interessant ist der Gegenstand. Wir hoffen, eine attraktive Auswahl getroffen zu haben.

Unser Dank geht an die Autoren, die mitgearbeitet haben, an Norman Zey, der wieder den Cartoon zeichnete, an die Redaktion und an alle, die zum Gelingen beigetragen haben. Wir wünschen Ihnen viel Freude beim Lesen – und bleiben Sie compliant!

Knut Hildebrand   Stefan Meinhardt

„Verstoß gegen § 143.....:
Sie sind verhaftet!"

Michael Klotz, Dietrich-W. Dorn

IT-Compliance – Begriff, Umfang und relevante Regelwerke

Die ständige Zunahme an Gesetzen, Verordnungen, Normen, Standards, Verträgen, Richtlinien usw. führt für Unternehmen aller Größenordnungen zu einer Intransparenz der zu beachtenden Regelwerke. Hieraus resultiert eine beträchtliche Unsicherheit in Bezug auf die Risiken potenzieller Regelverstöße. Die Vermeidung derartiger Risiken durch Sicherstellung der Befolgung von Vorgaben ist Zielsetzung der Corporate Compliance, im IT-Bereich speziell der IT-Compliance. IT-Compliance steht in einem engen sachlogischen Zusammenhang mit IT-Governance und IT-Risk Management. Diese Bezüge werden in der Praxis häufig auf den Einsatz technischer Lösungen verkürzt. Begriffliche Desorientierung und Beliebigkeit sind die Folge. Um dem entgegenzuwirken, gibt der Artikel einen Überblick über Begriff und Umfang der IT-Compliance und systematisiert die Compliance-relevanten Regelwerke.

Inhaltsübersicht

1 IT-Compliance – ein Modewort?

IT-Compliance – ist das noch ein Anglizismus, der die eh schon unübersichtliche IT-Begriffswelt zusätzlich verkompliziert? Handelt es sich um einen weiteren Modeausdruck, der es Herstellern und Beratern erleichtern soll, ihre Produkte und Dienstleistungen zu verkaufen? Verfestigt hat sich der Begriff in Theorie und Praxis noch nicht. Eine gängige Lehrbuchdefinition fehlt, aber immerhin nehmen sich sowohl bewährte als auch neue Lehrbücher der Wirtschaftsinformatik der Thematik an (vgl. z.B. [Heinrich & Lehner 2005, S. 64], [Hoffmann & Schmidt 2007, S. 295]). Und mit [Hauschka 2007] liegt ein fundiertes Werk zur Corporate Compliance aus der juristischen Perspektive vor, das auch für die spezielle IT-Compliance höchst relevant ist.

IT-Compliance zeigt sich im Vorhandensein und Funktionieren spezifischer informations- und kommunikationstechnischer Einrichtungen, im Vorliegen von Systemdokumentationen, Richtlinien, Kontrollergebnissen und Notfallplänen, im konkreten Umgang mit Information und Gerätschaften, in der Möglichkeit eines kurzfristigen Datenzugriffs u.v.a.m. Dennoch stehen diese materiellen Objekte und sichtbaren Handlungen nicht für die Bedeutung des Begriffs »IT-Compliance«. Dieser bezeichnet vielmehr einen immateriellen Zustand. Ob dieser Zustand zu einem bestimmten Zeitpunkt vorliegt, ist eine Frage, die sich nicht hinweisend durch Bezugnahme auf die genannten einzelnen Objekte und Handlungen beantworten lässt, sondern deren Beantwortung eine Interpretation erfordert, genauer: eine Bewertung infolge einer Prüfung, ob die IT des Unternehmens bestimmten relevanten Vorgaben entspricht (neben »Entsprechung« werden die Begriffe der Übereinstimmung, Einhaltung, Befolgung oder Konformität verwendet). Diese Vorgaben können technischer, organisatorischer oder personeller Art sein.

2 Governance, Risk Management und Compliance

2.1 Corporate Governance

Vor dem Hintergrund publicityträchtiger Betrugsfälle und Bilanzmanipulationen (bspw. Worldcom und Enron in den USA, Flowtex und Balsam in Deutschland) steht der aus dem angloamerikanischen Sprachbereich stammende Begriff »Corporate Governance« seit nunmehr ca. 15 Jahren für die Diskussion um eine ordnungsgemäße Unternehmensführung. Ein für Deutschland wichtiger Meilenstein war die Verabschiedung des DCGK (Deutscher Corporate Governance Kodex) durch eine Regierungskommission im Februar 2002. Hiernach wird unter »Corporate Governance« das Führungssystem zur Leitung und Überwachung eines Unternehmens verstanden [DCGK 2007, Präambel]. Auch wenn der Kodex keine neuen Gesetzesnormen schafft, sondern gesetzliche Vorschriften in lesbarer und verkürzter Form wiedergibt sowie Empfehlungen und Anregungen ausspricht [Theusinger & Liese 2008, S. 1420], so hat er doch zumindest für börsennotierte Unternehmen eine verbindliche Wirkung. Diese müssen nämlich nach § 161 AktG (Aktiengesetz) jährlich in einer sogenannten Entsprechungserklärung darüber Rechenschaft ablegen, welchen Empfehlungen des Kodex nachgekommen wurde bzw. wird und welche Empfehlungen nicht angewendet wurden bzw. werden.

Von zentraler Bedeutung für die betriebliche Überwachung und Kontrolle ist das 1998 in Kraft getretene »Gesetz zur Kontrolle und Transparenz im Unternehmensbereich« (KonTraG). Dieses hatte u.a. die Regelung des § 91 Abs. 2 AktG zur Folge, wonach der Vorstand verpflichtet ist, »geeignete Maßnahmen zu treffen, insbesondere ein Überwachungssystem einzurichten, damit den Fortbestand der Gesellschaft gefährdende Entwicklungen früh erkannt werden«. Ähnlich werden häufig die aus der Section 404 des im Juli 2002 in den USA in Kraft gesetzten »Sarbanes-Oxley Act« (SOX) resultierenden Verpflichtungen zur Einrichtung eines internen Kontrollsystems (IKS) angeführt. In Deutschland werden sich aus dem derzeit als Entwurf vorliegenden Bilanzrechtsmodernisierungsgesetz (BilMoG) ähnliche Pflichten hinsichtlich der Gestaltung interner Kontroll- und Risikomanagementsysteme ergeben.

2.2 Risk Management

KonTraG, SOX, BilMoG und weitere Gesetze, aber vor allem branchenspezifische regulative Vorgaben führen in den betroffenen Unternehmen zur Einrichtung von Risikomanagementsystemen, mit deren Hilfe Risiken effektiv und effizient identifiziert, bewertet und gesteuert werden sollen. In diesem Zusammenhang sind

- IT-Risiken Teil aller Risiken, denen sich ein Unternehmen ausgesetzt sieht und die es im Rahmen seines Risikomanagements zu steuern hat;
- potenzielle Regelverstöße durch Mitarbeiter oder Organe als Betriebsrisiken anzusehen.

Als Schnittmenge von IT-Risiken einerseits und Risiken aus Regelverstößen andererseits ergeben sich die IT-Compliance-Risiken. IT-Compliance adressiert mithin Risiken, die dadurch entstehen, dass die IT nicht wie geplant funktioniert, schlecht organisiert ist, nicht wie erforderlich betrieben und genutzt wird, unzureichend verfügbar oder ungenügend gesichert ist, manipuliert oder missbraucht werden kann etc., sodass hierdurch gesetzliche Auflagen (potenziell) nicht oder nur mangelhaft erfüllt werden. IT-Compliance richtet sich somit nicht auf alle, sondern nur auf einen Teil der IT-Risiken eines Unternehmens (vgl. Abb. 1).

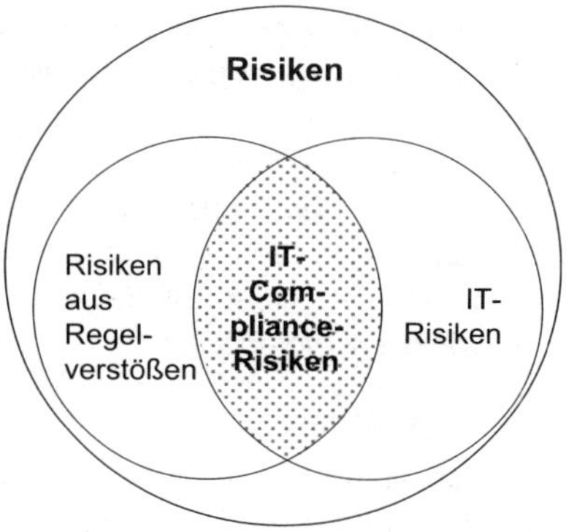

Abb. 1: IT-Compliance-Risiken als Schnittmenge

Compliance allgemein adressiert also nicht die an sich triviale Selbstverständlichkeit, dass geltendes Recht zu befolgen ist. Vielmehr steht Compliance für die Forderung, potenzielle Regelverstöße als Risiken zu betrachten, die im Rahmen des Risikomanagements eines Unternehmens mittels geeigneter organisatorischer, technischer und personeller Maßnahmen zu behandeln sind. Die Höhe der Risiken bemisst sich nach den potenziellen Schäden als negative Folge fehlender oder mangelhafter IT-Compliance:

- Freiheitsstrafen
- Bußgelder
- Zwangsgelder
- Schadensersatz
- Vertragsstrafen
- Umsatzausfälle
- Imageschäden
- Wettbewerbsnachteile

2.3 GRC-Trias

Governance, Risk Management und Compliance verweisen somit aufeinander, und der Verflechtungsgrad nimmt in einer dynamischen, globalisierten Wirtschaft kontinuierlich zu. Internationale Bestimmungen, nationale Gesetze, regulierte Märkte, globale Allianzen, multikulturelle Belegschaften – ein Unternehmensmanagement, das sich diesen Herausforderungen stellt, muss hierfür adäquate Führungsstrukturen und -systeme einrichten, Risiken in einem bisher nicht gekannten Ausmaß managen und einer zumindest unübersichtlichen, wenn nicht gar undurchsichtigen Rechtslage nachkommen.

Aufgrund der inhaltlichen Zusammenhänge und der großen Bedeutung dieser drei Bereiche wird neuerdings von der Trias »Governance – Risk – Compliance« (GRC) gesprochen, die eine integrierte Strategie und ein gemeinsames Management erfordert. Insofern müssen sich Strategie, Prozesse, Verantwortlichkeiten, Techniken, Instrumente etc. der IT-Compliance in die generellen Compliance-Aktivitäten eines Unternehmens (»Corporate Compliance«) und diese sich wiederum in die GRC-Trias eingliedern (vgl. Abb. 2).

Abb. 2: IT-Compliance als GRC-Element

Hinzu kommt, dass hinsichtlich der Corporate Governance und des Risk Management IT-spezifische Ausprägungen existieren: IT-Governance bzw. IT-Risk Management. Hieraus entsteht eine »IT-GRC-Trias«, die es in die »Corporate GRC« zu integrieren gilt (vgl. Abb. 3).

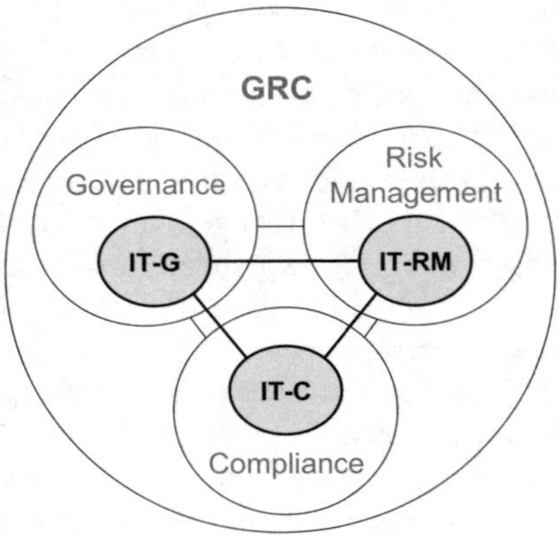

Abb. 3: GRC-Trias für die IT

3 Begriffliche Klärung

3.1 Enge Auffassung

Wenn Risiken, die aus potenziellen Verstößen gegen Rechtsnormen resultieren, im Zentrum von Compliance-Bemühungen stehen, dann ist für eine Bestimmung des Begriffs der IT-Compliance maßgebend, ob und inwieweit die IT eines Unternehmens (d. h. die Prozesse der IT-Entwicklung und -Beschaffung, des IT-Betriebs, der IT-Nutzung etc.) selbst Anforderungen aus Rechtsnormen zu erfüllen hat. Hierauf basierend bezeichnet IT-Compliance bzw. »IT-compliant zu sein« einen Zustand, in dem alle für die IT des Unternehmens relevanten, allgemein geltenden rechtlichen Vorgaben (d. h. Rechtsnormen, Rechtsprechung und Verwaltungsvorschriften sowie hierin jeweils in Bezug genommene sonstige Regelwerke) nachweislich eingehalten werden. Dies wäre eine enge Auffassung von IT-Compliance, die ausschließlich auf die Einhaltung rechtlicher Vorgaben zielt [Klotz 2007].

Eine besondere Bedeutung kommt der nicht nur potenziellen, sondern faktischen Nachweisbarkeit zu. Diese ist notwendig, um sich im Verdachts- und Streitfall exkulpieren zu können. Zudem sind entsprechende Dokumentationspflichten auch ohne explizite Regelung in den jeweiligen Gesetzesnormen erforderlich, um den zentralen Governance-Anforderungen der Transparenz und Kontrolle zu genügen. Beispielsweise erfordert § 145 AO (Abgabenordnung), dass ordnungsgemäße, steuerlich relevante Aufzeichnungen einem sachverständigen Dritten innerhalb angemessener Zeit einen Überblick über Geschäftsvorfälle und Lage des Unternehmens vermitteln, ohne dass diese Anforderungen im Einzelnen von der AO vorgegeben sind.

3.2 Weite Auffassung

Das Risk Management richtet sein Augenmerk aber nicht nur auf Risiken, die sich aus der fehlenden oder mangelhaften Befolgung von Rechtsnormen ergeben. Es werden ferner Risiken berücksichtigt, die aus sonstigen externen Regelwerken resultieren. IT-relevante Verpflichtungen können sich aus Verträgen, Normen oder Standards ergeben, wobei im Vergleich dieser Regelwerke die Art der Verpflichtung variiert. Im Falle von Verträgen besteht wiederum eine rechtliche Bindung. Gleiches kann für die Befolgung von Normen und Standards gelten. Häufiger ist es notwendig, Normen und Standards einzuhalten, weil es der Wettbewerb in einer Branche erfordert oder ein wichtiger Kunde bzw. Kundenkreis ihre Befolgung erwartet oder bei der Auftragsvergabe sogar vorschreibt (bspw. die ITIL (Information Technology Infrastructure Library) beim IT-Servicemanagement). Auch ohne unmittelbaren Druck von Kunden- oder Marktseite kann ein Unternehmen Standards oder Normen für sich als verbindlich akzeptieren, z. B. um in der Öffentlichkeit ein positives Image zu schaffen oder zu verstärken.

Die von direkten externen Triebkräften unabhängige Entscheidung, bestimmte Regelwerke als verbindlich zu akzeptieren, gilt auch für die Gruppe unternehmensinterner Regelungen. Hierzu zählen z. B. interne Richtlinien, Organisationsanweisungen oder Hausstandards.

Wird der Begriff der IT-Compliance auf alle eben genannten Regelwerke ausgeweitet, bezeichnet IT-Compliance einen Zustand, in dem alle für die IT des Unternehmens relevanten bzw. als relevant akzeptierten internen und externen Regelwerke nachweislich eingehalten werden. Dies wäre die weite Auffassung von IT-Compliance.

3.3 Abgrenzung gegenüber IT-gestützter Compliance

Eine weitere Sichtweise interpretiert IT-Compliance als Einsatz von Soft- und Hardwareprodukten, mit deren Hilfe die Einhaltung von Regelwerken sichergestellt werden kann. In diesem Sinne handelt es sich um IT-gestützte Compliance. Diese Position wird aus verständlichem geschäftlichem Interesse vor allem von Herstellern vertreten, die Lösungen für Security-, Lifecycle- oder Content Management, Archivierung, Verschlüsselung, Nutzer-, Zugangs- und Lizenzverwaltung u.a.m. anbieten. Auch auf Unternehmensseite wird dieser Sicht gerne gefolgt, belegt doch der Einsatz derartiger Systeme das Bemühen um Compliance.

Dass diese Perspektive ihre Berechtigung hat, soll nicht im Geringsten bezweifelt werden. Im Gegenteil: Ohne die genannten Lösungen sind die verschiedenen Compliance-Risiken nicht in den Griff zu bekommen. Vor dem Einsatz der Technik müssen jedoch zwingend eine fundierte Analyse und Konzeption mit dem Ergebnis der im zweiten Kapitel angesprochenen Integration in ein GRC-Management erfolgen. Aus diesem Grunde ist es sinnvoll, sich die grundlegenden Unterschiede zwischen den beiden Interpretationsmöglichkeiten der IT-Compliance zu verdeutlichen (vgl. Abb. 4).

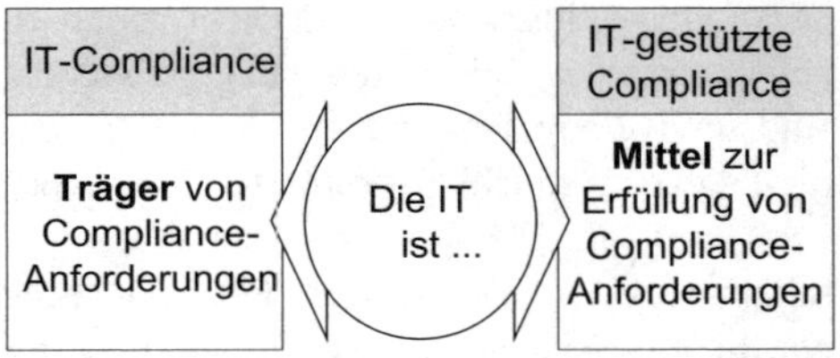

Abb. 4: IT-gestützte Compliance vs. IT-Compliance

IT-Compliance betrachtet die IT als Träger von Compliance-Anforderungen. Bei dieser Sichtweise stellen sich beispielsweise folgende Fragen:

a) Welche Rechtsnormen und ggf. sonstigen Regelwerke sind für die IT des Unternehmens relevant?
b) Welche IT-gestützten Prozesse sind betroffen?
c) Welche Risiken resultieren in welcher Höhe aus fehlender oder mangelhafter Compliance der IT?
d) Welche Compliance-Anforderungen haben die einzelnen Bereiche der IT (Infrastruktur, Datenhaltung, Nutzung von Anwendungen etc.) zu erfüllen?
e) Welche technischen, organisatorischen und personellen Maßnahmen sind für die Gewährleistung von IT-Compliance zu ergreifen?

IT-gestützte Compliance bedeutet, dass IT als Mittel zum Erreichen von Compliance genutzt wird. Bei dieser Sichtweise stellen sich beispielsweise folgende Fragen:

f) Welche Compliance-Anforderungen haben die Geschäftsprozesse zu erfüllen?
g) Welche Compliance-Anforderungen kann eine spezifische Hard- oder Software adressieren?
h) Welche Hard- oder Softwarelösung ist für die Erfüllung der Anforderungen am besten geeignet?
i) Wie sind die verschiedenen Tools aufeinander abzustimmen (bspw. durch ein integriertes Sicherheits- und Systemmanagement)?

Es ist offensichtlich, dass beide Sichtweisen ineinandergreifen und insofern beide notwendig sind, um IT-Compliance zu erreichen. Im Ergebnis liegt eine (auch) IT-gestützte Compliance vor. In der Tat wird eine auf diesem Wege geschaffene Automatisierung von Compliance die einzige Möglichkeit sein, die Vielzahl heutiger Compliance-Anforderungen erfüllen zu können. Dies gilt insbesondere für die kontinuierliche Überwachung des IT-Betriebs auf Compliance-Verstöße.

4 Umfang von IT-Compliance

4.1 Grundsätzliche Erreichbarkeit

Gleich, ob die enge oder die weite Definition von IT-Compliance gewählt wird, der intendierte Zustand wird sich in der Praxis nie zu 100 % erreichen lassen. Trotz ständiger Bemühungen um IT-Compliance werden sich Unternehmen aufgrund von geschäftlich, organisatorisch und technisch bedingten Systemänderungen, -erweiterungen oder -stilllegungen immer wieder vom angestrebten Zielzustand entfernen. Zudem erzeugen neue oder geänderte rechtliche Vorgaben, die Überarbeitung von Normen und Standards, neue unternehmensinterne Richtlinien etc. einen ständigen Anpassungsdruck.

IT-Compliance ist insofern als »regulatives Ideal« anzusehen, das nie finalistisch erreichbar ist und dem sich Unternehmen insofern nur asymptotisch nähern können. Damit bezeichnet IT-Compliance einen Zustand, der immer »noch nicht ist«, aber als »moving target« auch nie eintreten wird. Jeder Zustand von IT-Compliance ist mit der Akzeptanz von Unsicherheit und einem entsprechenden Risiko verbunden (was wiederum auf die notwendige Verbindung von Compliance und Risk Management verweist).

4.2 Risikoakzeptanz

Beispiele aus den USA, in denen einzelne Unternehmen Kosten in Höhe von 4 Mio. US-Dollar und mehr für das Erreichen von SOX-Compliance zu verzeichnen hatten, machen die Runde und tragen zur Verunsicherung bei. Insofern ist die Frage berechtigt, wie hoch ein Budget für IT-Compliance sein soll. Grundsätzlich muss bei IT-Compliance das ökonomische Prinzip Beachtung finden, d. h., dass es sich nicht lohnt, für einen geringen Nutzen unverhältnismäßig hohe Investitionen zu tätigen. Für eine rationale Dimensionierung von Compliance-Maßnahmen bedeutet dies, dass im Rahmen der Risikobewertung eine Klärung herbeigeführt werden muss, welche Compliance-Risiken bis zu welchem Ausmaß akzeptiert werden. Eine Risikoübernahme, d. h. die bewusste Entscheidung, keine oder nur begrenzte Maßnahmen zu ergreifen und einen möglichen Schaden ggf. zu tragen, kommt aber nur für nicht bestandsgefährdende Risiken in Betracht. Im konkreten Fall hängt die Messlatte der Risikoakzeptanz von der Risikokultur eines Unternehmens, aber auch von seiner Kapitalausstattung und der aktuellen Ergebnissituation ab [Pampel & Glage 2006, S. 93].

4.3 Organisatorischer Geltungsbereich

Für die Feststellung des organisatorischen Geltungsbereichs von IT-Compliance ist erst einmal zu bestimmen, welche Aufgaben die IT als Unternehmensfunktion konkret übernimmt. Die von der IT zu beachtenden Rechtsnormen differieren nämlich, je nachdem, ob die IT des Unternehmens nur mit abgegrenzten speziellen Aufgaben, z. B. der Buchführung, befasst ist oder die gesamte Geschäftstätigkeit des Unternehmens umfassend unterstützt. Je umfassender die IT-Unterstützung der Unternehmensprozesse ausfällt, umso mehr verwischt sich die Unterscheidung zwischen der Corporate Compliance als Anforderung an das gesamte Unternehmen und der spezielleren IT-Compliance. Im Kern wird sich der organisatorische Geltungsbereich auf folgende Betätigungsfelder der IT-Funktion erstrecken:

- Rechnungswesen, Buchführung inkl. ggf. Warenwirtschaft
- Steuern
- Personalwesen
- Internetpräsenz und elektronische Kommunikation
- Archivierung und Dokumentenmanagement
- Betreuung von Software und Hardware
- Datenschutz
- IT-Beschaffung

Bereits eine geschäftliche E-Mail-Kommunikation erweist sich als Compliance-relevant, da nicht nur Angaben zu Firmierung, Rechtsform und Vertretung erforderlich sind (z. B. § 37 a HGB (Handelsgesetzbuch)), sondern auch die jederzeitige Verfügbarkeit und Lesbarkeit dieser »Handelsbriefe« gewährleistet werden muss (§ 257 Abs. 2 HGB). Hierdurch wird deutlich, dass IT-Compliance für Unternehmen jeder Größenordnung von Bedeutung ist. Wird die weite Definition von IT-Compliance zugrunde gelegt, ergibt sich eine Ausweitung des Geltungsbereichs auf nahezu das gesamte Unternehmen und alle Geschäftsprozesse.

5 Regelwerke der IT-Compliance

5.1 Klassifikation der Regelwerke

Es lassen sich grundsätzlich vier Gruppen an Regelwerken unterscheiden, die in ihrer Summe ein Grundgerüst für eine systematische Analyse von Compliance-Anforderungen darstellen:

- rechtliche Vorgaben, d. h. Rechtsnormen (also vom nationalen oder ggf. supranationalen Gesetzgeber erlassene Gesetze sowie auf deren Grundlage von den Verwaltungen erlassene Rechtsverordnungen) sowie Verwaltungsvorschriften und weitere Regelungswerke, auf die in Gesetzen, Rechtsverordnungen und Verwaltungsvorschriften verwiesen wird oder die von der Rechtsprechung zur Auslegung herangezogen werden;
- Verträge, die ein Unternehmen mit Kunden, Lieferanten und sonstigen Marktpartnern abschließt und die IT-relevante Vereinbarungen enthalten;
- unternehmensexterne, auf IT bezogene Regelwerke, wie Normen, Standards, Zertifikate oder Richtlinien vielfältiger Institutionen;
- unternehmensinterne Regelwerke, zu denen interne Festlegungen, wie Unternehmensrichtlinien (»Policies«), Organisations- oder Verfahrensanweisungen, Service Level Agreements (SLAs) oder Hausstandards, zählen, soweit sie IT-relevante Vorgaben enthalten.

Mit der Überlegung, dass sowohl der Bindungsgrad als auch das Risiko bei einem Verstoß in der genannten Reihenfolge tendenziell abnehmen, ergibt sich das in Abbildung 5 dargestellte Zwiebelmodell.

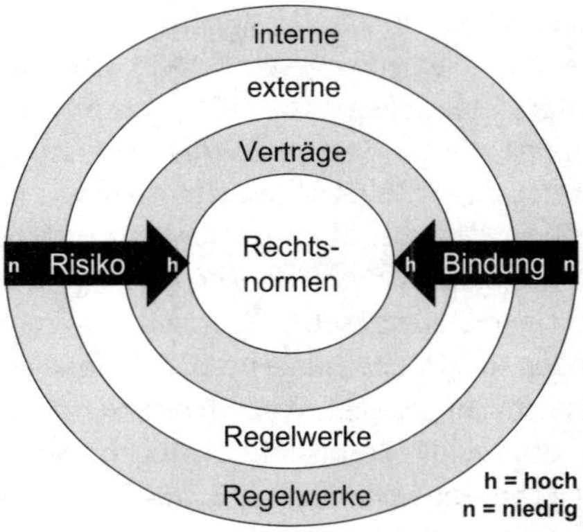

Abb. 5: Zwiebelmodell für Compliance-relevante Regelwerke

Bei Rechtsnormen und Verträgen sind die Risiken deswegen tendenziell höher, weil hier oft ein monetäres Strafmaß entweder gesetzlich oder vertraglich geregelt ist bzw. aus Vertragsverletzungen teilweise bestandsgefährdende Schadensersatzpflichten resultieren können. Zudem kommen in diesen Fällen häufig Vertrauens- und Imageschäden hinzu, die das Schadensausmaß zusätzlich erhöhen. Durch strafverfolgende Institutionen bzw. Vertragspartner, die ihre Interessen aktiv wahren wollen, ergibt sich eher die Wahrscheinlichkeit, dass ein Verstoß reklamiert und ein Anspruch verfolgt und durchgesetzt wird. Bei den externen Regelwerken ist zu beachten, dass diese ggf. aufgrund Verweis oder Heranziehung zur Auslegung der Rechtsnormen letztlich deren Bindungswirkung und das daraus resultierende Risiko teilen.

5.2 Rechtliche Vorgaben

Gesetze und Rechtsverordnungen

Im Zentrum der rechtlichen Vorgaben stehen Rechtsnormen, also Gesetze und Rechtsverordnungen, aus denen sich ein Handlungsbedarf für die IT eines Unternehmens ergibt. IT-Compliance betrifft jedoch nicht nur Gesetze, die sich schon vom Namen her offensichtlich auf die IT beziehen (wie bspw. das Bundesdatenschutzgesetz (BDSG), das Signaturgesetz (SigG) oder das Telemediengesetz (TMG)). Zahlreiche weitere Gesetze regeln den IT-Einsatz im Unternehmen, z. B. das BetrVG (Betriebsverfassungsgesetz), das StGB (Strafgesetzbuch) sowie hinsichtlich der Buchführungs- und steuerlichen Pflichten das HGB und die AO nebst Teilen der einzelnen Steuergesetze. Vertragliche Anforderungen sind insbesondere im BGB (Bürgerliches Gesetzbuch) geregelt. Weiterhin zählen zu dieser Gruppe die Rechtsentwicklungen, die sich auf EU-Ebene vollziehen (z. B. »BASEL II« oder die 8. EU-Richtlinie, auch kurz »Euro-SOX« genannt).

Rechtsprechung

Zu den rechtlichen Vorgaben zählt weiterhin die Rechtsprechung, die die Rechtsnormen auslegt und damit wesentlich ihren Inhalt bestimmt. Dies betrifft in besonderem Maße sogenannte »unbestimmte Rechtsbegriffe« bzw. »Generalklauseln«. Beispiele hierfür sind die »übliche Beschaffenheit«, die das Vorliegen eines Mangels im Werkvertragsrecht bestimmt, oder die »im Verkehr erforderliche Sorgfalt«, deren Missachtung den Vorwurf fahrlässigen Verhaltens begründet (bspw. wird eine unterlassene Datensicherung bei Schäden, die durch Datenverluste infolge von Programmfehlern entstehen, als Mitverschulden gewertet – mit der Folge, dass die Geltendmachung von Schadensersatzansprüchen verhindert wird [OLG Hamm 2003]).

Verwaltungsvorschriften

Ohne dass es sich um Rechtsnormen im engeren Sinne handelt, sind für IT-Compliance ferner Regelwerke relevant, die von den zuständigen (Aufsichts-)Behörden zur Interpretation und Ausführung der Rechtsnormen aufgestellt oder erklärtermaßen herangezogen werden (häufig wird hier der Begriff der »Regularien« bzw. der »regulatorischen Vorgaben« verwendet). Diese Regelwerke bewirken rechtlich eine »Selbstbindung« der Verwaltung, indem sie die Anwendung der Rechtsnormen durch die Verwaltung bestimmen. Beispiele hierfür sind die »Grundsätze ordnungsmäßiger DV-gestützter Buchführungssysteme« (GoBS) sowie die »Grundsätze zum Datenzugriff und zur Prüfbarkeit digitaler Unterlagen« (GDPdU). Beide Regelwerke wurden vom Bundesministerium für Finanzen als Verwaltungsanweisung erlassen. Sie interpretieren die Regelungen der Abgabenordnung zu den Anforderungen an die ordnungsgemäße Buchführung beim Einsatz IT-gestützter Buchhaltungssysteme und bei Verwendung digitaler Unterlagen.

In Bezug genommene Regelwerke

Regelwerke, die als solche keinen Rechtsnormcharakter haben und sowohl von Verwaltungen wie auch von privatrechtlichen Institutionen (z. B. dem DIN –Deutsches Institut für Normung) stammen können, haben für die IT-Compliance die gleiche Bedeutung wie Rechtsnormen, wenn sie durch ausdrückliche Verweisung in diese einbezogen werden. So verweist beispielsweise die der MaRisk (Mindestanforderungen an das Risikomanagement) zugehörige Erläuterung (noch unter der alten Bezeichnung »IT-Grundschutzhandbuch«) auf die vom »Bundesamt für Sicherheit in der Informationstechnik« (BSI) herausgegebenen IT-Grundschutzkataloge [BaFin 2006]. Dies hat zur Folge, dass Kreditinstitute, um keinen Beanstandungen der BaFin (Bundesanstalt für Finanzdienstleistungsaufsicht) ausgesetzt zu sein, ein Sicherheitsniveau entsprechend den IT-Grundschutzkatalogen zu realisieren haben.

5.3 Verträge

Vertragsverstöße stellen für ein Unternehmen operationelle Risiken dar, die es mittels einer effektiven und effizienten Vertragssteuerung zu managen gilt. Zwei Gruppen von Verträgen sind hier von Bedeutung:

- Verträge allgemeiner Art, deren Vertragsgegenstand sich nicht auf IT-Belange konzentriert, die aber einzelne IT-relevante Regelungen enthalten (bspw. zum Austausch oder zur Aufbewahrung von Informationen) oder die dem Vertragsdokument als IT-Objekt einen schutzwürdigen Status zuerkennen (was gewöhnlich durch eine Geheimhaltungsvereinbarung geschieht);
- spezifische IT-Verträge, deren Vertragsgegenstand IT-Leistungen betrifft und die somit das Interesse der IT-Compliance auf sich ziehen.

Während das Vertragscontrolling Leistungserbringer und -empfänger kontinuierlich im Auge behalten muss, stehen aus Compliance-Sicht nur diejenigen vertraglichen Vereinbarungen im Fokus, aus denen sich IT-spezifische Pflichten und Obliegenheiten des Unternehmens als Vertragspartner ergeben. Diese beziehen sich z. B. auf die Einhaltung bestimmter End- und Zwischentermine (Meilensteine), die Erfüllung von Mitwirkungs- und Dokumentationspflichten sowie Geheimhaltungsabreden [Klotz & Dorn 2005, S. 101]. Im Hinblick auf die Interessen des Risk Management werden solche Regelungen im Vordergrund stehen müssen, aus denen sich Risiken hinsichtlich potenzieller Fristsetzungen (Inverzugsetzung), Schadensersatzansprüche oder Vertragsstrafen ergeben.

5.4 Unternehmensexterne Regelwerke

In die Gruppe der unternehmensexternen Regelwerke fallen viele derjenigen Regelwerke, die derzeit im IT-Management große Aufmerksamkeit erfahren, vor allem die als »Framework«, »Referenzmodell« oder »Best-Practice-Modell« gehandelten Standards, wie ITIL, CMMI (Capability Maturity Model Integration) und COBIT (Control Objectives for Information and Related Technology). Insgesamt sind die in dieser Gruppe vertretenen Regelwerke höchst unterschiedlich. Die Spannbreite reicht von Richtlinien supranationaler Organisationen, wie der OECD, über internationale und nationale Normen, Standards internationaler und nationaler Verbandsorganisationen und behördlicher Einrichtungen bis hin zu Empfehlungen oder Konzepten, die sich über die Zeit durch Informations- und Erfahrungsaustausch in der Fachwelt herausgebildet haben.

Aus Sicht der IT-Compliance sind in dieser Gruppe vor allem Regelwerke von hoher Relevanz, die als Basis für Testierungen oder Zertifizierungen dienen. Hierzu zählen vor allem die Prüfungsstandards der Wirtschaftsprüfer (bspw. die Standards des Instituts der Wirtschaftsprüfer in Deutschland IDW PS 330 und IDW RS FAIT 1 bis 3).

5.5 Unternehmensinterne Regelwerke

Bei unternehmensinternen Regelungen ist die Bindungswirkung auf dasjenige Unternehmen beschränkt, das die jeweilige Regelung in Kraft setzt. Beispiele für unternehmensinterne Regelungen aus dem IT-Bereich sind interne IT-Richtlinien oder -Verfahrensvorgaben zur IT-Sicherheit (IT-Sicherheitsvorschriften, E-Mail-Richtlinie, Regelung zum Umgang mit Passwörtern etc.).

Interne Regelwerke sind aus zweierlei Hinsicht Compliance-relevant. Zum einen dienen sie in vielen Fällen dazu, die Beachtung der Anforderungen aller anderen Regelwerke sicherzustellen, indem sie konkrete Handlungsanweisungen für die Organisationsmitglieder vorgeben. Hierdurch dokumentieren sie zum anderen nach außen, dass externen Verpflichtungen, insbesondere rechtlichen Vorgaben, nachgekommen wird.

6 Literatur

[BaFin 2006] *Bundesanstalt für Finanzdienstleistungsaufsicht (BaFin):* Erläuterungen zu den Mindestanforderungen an das Risikomanagement (MaRisk), Fassung vom 04.05.2006, AT 7.2, unter: *www.bundesbank.de/download/bankenaufsicht/pdf/marisk/060504_erl.pdf*; Zugriff am 05.08.2007.

[DCGK 2007] *Regierungskommission Deutscher Corporate Governance Kodex (DCGK):* Deutscher Corporate Governance Kodex, Fassung vom 14.06.2007, *www.corporate-governance-code.de/ger/download/D_Kodex%202007_final.pdf*; Zugriff am 05.08.2008.

[Hauschka 2007] *Hauschka, Ch. E. (Hrsg.):* Corporate Compliance – Handbuch der Haftungsvermeidung im Unternehmen. Beck, München, 2007.

[Heinrich & Lehner 2005] *Heinrich, Lutz J.; Lehner, Franz:* Informationsmanagement – Planung, Überwachung und Steuerung der Informationsinfrastruktur. 8. Aufl., Oldenbourg, München, Wien, 2005.

[Hoffmann & Schmidt 2007] *Hoffmann, Jürgen; Schmidt, Werner (Hrsg.):* Masterkurs IT-Management. Vieweg, Wiesbaden, 2007.

[Klotz 2007] *Klotz, Michael:* IT-Compliance – auf den Kern reduziert. In: IT-Governance, 2007, Jg. 1, Heft 1, S. 14-18.

[Klotz & Dorn 2005] *Klotz, Michael; Dorn, Dietrich-W.:* Controlling von IV-Beschaffungsverträgen – Bedeutung, Ziele und Aufgaben. In: HMD – Praxis der Wirtschaftsinformatik, 2005, Jg. 42, Heft 241, S. 97-106.

[OLG Hamm 2003] *Oberlandesgericht Hamm,* Urteil vom 01.12.2003, 13 U 133/03, Verantwortung für Datenverluste bei mangelhafter Durchführung von Hardware-Wartung.

[Pampel & Glage 2006] *Pampel, Jochen; Glage, Dietmar:* Unternehmensrisiken und Risikomanagement. In: v. Werder, A.; Stöber, H.; Grundei, J. (Hrsg.): Organisations-Controlling – Konzepte und Praxisbeispiele. Gabler, Wiesbaden, 2006, S. 81-96.

[Theusinger & Liese 2008] *Theusinger, Ingo; Liese, Jens:* Rechtliche Risiken der Corporate Governance-Erklärung. In: Der Betrieb, 2008, Jg. 61, Heft 26, S. 1419-1423.

Prof. Dr. Michael Klotz
Fachhochschule Stralsund
FB Wirtschaft
Zur Schwedenschanze 15
18435 Stralsund
michael.klotz@fh-stralsund.de
www.fh-stralsund.de

Dr. Dietrich-W. Dorn
Rechtsanwälte Dorn, Krämer & Partner GbR
Kurfürstendamm 57
10707 Berlin
berlin@dorn-kraemer-partner.de
www.dorn-kraemer-partner.de

Markus Böhm

IT-Compliance als Triebkraft von Leistungssteigerung und Wertbeitrag der IT

Informationstechnologie (IT) muss die Position des Unternehmens gegenüber dem Wettbewerb verbessern sowie den Geschäftsbetrieb sicher, fehlerfrei, effizient und kostengünstig unterstützen. Hinzu kommt die Einhaltung gesetzlicher und regulatorischer Vorgaben (IT-Compliance). Dies führt zu erheblichem Aufwand, etwa für die Einführung von Überwachungsmaßnahmen, die Änderung von IT-Prozessen, für Dokumentation sowie durch die verschiedenartigen Compliance-Nachweise. Der Beitrag zeigt, wie Gesetzes- und Vorgabenkonformität hergestellt und damit gleichzeitig Wertbeitrag und Performance der IT gesteigert werden, wenn die Herstellung der IT-Compliance besondere Gestaltungsgrundsätze beachtet und einer wirksamen IT-Governance unterliegt.

Inhaltsübersicht

1 Wert der IT

Informationstechnologie (IT) hat seit Beginn ihrer kommerziellen Nutzung zwei Hauptziele: Sie muss einerseits die Position des Unternehmens gegenüber dem Wettbewerb verbessern, andererseits den Geschäftsbetrieb sicher, fehlerfrei, effizient und kostengünstig unterstützen. Daher lautet seit jeher die Anforderung an den Chief Information Officer (CIO): mehr Wertbeitrag durch die IT und bessere Performance in der IT.

Wertbeitrag bedeutet, mit der IT das »Richtige« für das Unternehmen zu tun, und Performance, dies »bestmöglich« zu leisten. Wertbeitrag schafft Profitabilität, Produktivität und

Qualität; Performance heißt Effizienz, Effektivität sowie geringe Kosten. Beide Forderungen bestehen unabhängig von der steigenden Komplexität der IT im Unternehmen, der wachsenden Verflechtung mit externen Dienstleistern und der teils hohen Divergenz unternehmensinterner Ansprüche an die IT [Dietrich & Schirra 2004].

Für den CIO geht es dabei um die optimale Mittelverwendung für Personal, Technologie, Infrastruktur, Betrieb und Projekte. Abbildung 1 und 2 zeigen schematisch, wie unterschiedlich Investitionen in Performance-Verbesserung oder Ausrichtung der IT auf die Geschäftsprozesse (IT/Business-Alignment [Masak 2006]) wirken, wobei sich die Effekte auch überlagern können (und dies idealerweise auch tun).

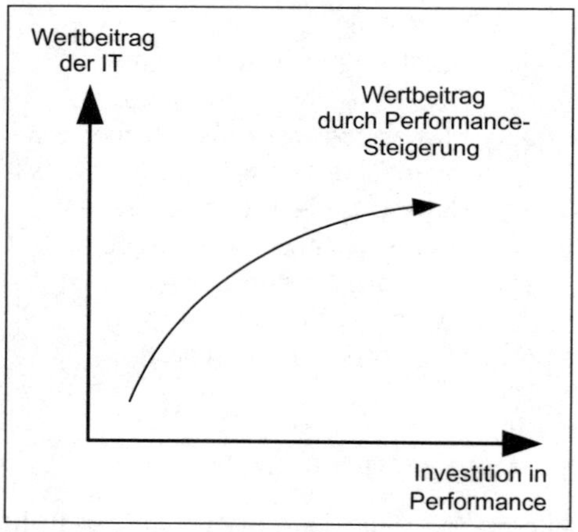

Abb. 1: Investition in Performance

Für den Wertbeitrag ist eine performante IT notwendig, jedoch nicht hinreichend. Das gilt selbst für Branchen, in denen Transaktionsvolumen, Antwortzeiten, Rechenkapazität und Verfügbarkeit bereits ein Wert für sich sind. Zudem ist schon länger bekannt: Mehr Investitionen in die Performance führen nicht zwangsläufig zu mehr Verbesserung [Brynjolfsson 1993]. Anders wirken Investitionen, die die IT auf das Kerngeschäft des Unternehmens ausrichten und so das IT/Business-Alignment verbessern.

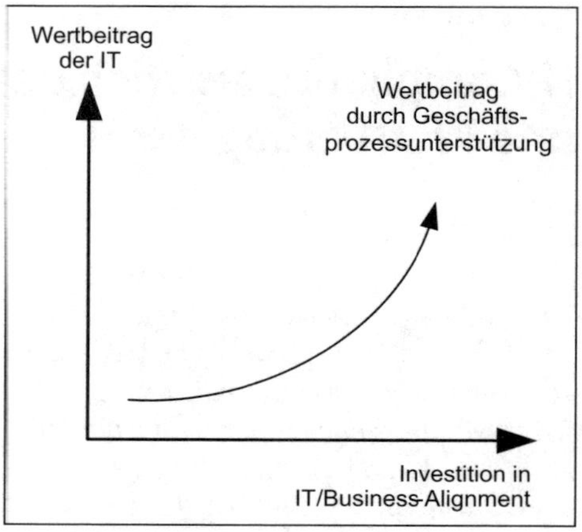

Abb. 2: Investition in IT/Business-Alignment

Wertbeitrag leisten beispielsweise IT-Projekte, die spezifische Belange aus Forschung, Entwicklung und Produktion des Unternehmens umsetzen. Erlaubt das IT-Investment dem Unternehmen schnellere Reaktion am Markt, kürzere Entwicklungszyklen für Produkte und Dienstleistungen, besseren Service oder mehr Innovation, stärkt das die Wettbewerbsposition nachhaltig, auch wenn die tatsächliche Steigerung des IT-Wertbeitrags vom Unternehmen, seinen Produkten und seiner Marktposition abhängig ist [Thatcher & Pingry 2007].

Die positive Wirkung von Maßnahmen und Investitionen in die IT kann sich jedoch umkehren, wenn sie dazu dienen, gesetzliche und regulatorische Vorgaben umzusetzen. Dabei ist es sekundär, ob es sich um Gesetze, daraus abgeleitete Rechtsnormen oder vom Unternehmen in Eigenverpflichtung erlassene Richtlinien handelt, die den Umgang mit Daten und die Nutzung der IT durch die Mitarbeiter regeln. Letztlich führen diese Maßnahmen zu strikt reglementierten, dokumentierten und kontrollierten Abläufen in der gesamten IT-Organisation und damit zu Mehraufwand und Personalbindung auf allen Unternehmensebenen. Das hat zunächst nachteilige Effekte auf die Performance der IT, eventuell auch auf ihren Wertbeitrag [Kolodgy 2005]. Und die Belastung für die IT-Organisation ist signifikant, bis zu 34 % der verfügbaren IT-Ressourcen werden dafür eingesetzt [Hurley 2004]. Besonders stark betroffen sind multinationale Konzerne, die Vorgaben aus mehreren Ländern einhalten müssen, da die Modalitäten für den Compliance-Nachweis in jedem Land unterschiedlich sein können [Delbaere & Ferreira 2007].

Mitarbeiter, die Compliance-induzierte Arbeiten leisten, fehlen im operativen Betrieb; ihre Bindung vermindert die Fähigkeit der IT-Organisation, Projekte umzusetzen, die die Wettbewerbsfähigkeit des Unternehmens verbessern könnten. Andererseits: Wird nichts oder zu wenig in die Umsetzung der geforderten Maßnahmen investiert, drohen Strafen, Sanktionen und Einschränkungen der Geschäftstätigkeit. Unter bestimmten Umständen haftet der CIO persönlich für Versäumnisse und Schäden, die durch unwirksame Kontrollen, ungeschützte Systeme, Missbrauch von Daten durch Fahrlässigkeit oder Unterlassung in der IT entstehen [Bäumer 2007].

2 IT-Compliance: Begriff, Bedeutung und Auswirkungen auf die IT

IT-Compliance ist ein Zustand, in dem die IT alle für das Unternehmen relevanten Gesetze oder in ihrer allgemeinen Gestaltungsanordnung von diesen abgeleiteten Rechtsnormen nachweislich einhält [Klotz 2007]. Diese eng gefasste Definition von IT-Compliance nimmt Richtlinien und Empfehlungen supranationaler und internationaler Organisationen aus, solange diese nicht in nationales Recht umgesetzt sind. Im Kern bleiben zwei Gründe, die IT-Compliance zu fordern: ihre notwendige Voraussetzung für die Corporate Compliance und die direkt auf die IT wirkenden Rechtsnormen.

2.1 IT-Compliance als Bestandteil der Corporate Compliance

Corporate Compliance bezeichnet die Erfüllung von Vorgaben des Gesetzgebers zum Schutz der Öffentlichkeit und der Anspruchsgruppen des Unternehmens. Besonders zahlreich sind die Vorgaben in den regulierten Märkten für Finanzdienstleistungen, Telekommunikation und Energieversorgung [Menzies 2006; Tarantino 2006].

Keineswegs alle Vorgaben und Auflagen von Gesetzgebern sowie Regulatoren sprechen die IT explizit an. Allerdings erzwingt die hohe Abhängigkeit der Unternehmen von ihrer IT deren Sicherheit, Fehlerfreiheit und Verfügbarkeit, da es kaum Geschäftsprozesse ohne umfassenden IT-Einsatz gibt. So kann die geforderte Qualität der Finanzberichterstattung gemäß Sarbanes-Oxley Act (SOX) bei fehlerhaften, ungeschützten oder manipulierbaren IT-Systemen nicht garantiert werden. Folgerichtig gibt es speziell auf die IT bezogene sogenannte Controls [Brewer 2006], deren Wirksamkeit für die SOX-Compliance explizit nachzuweisen ist. Compliance der IT ist daher die notwendige Voraussetzung der Corporate Compliance.

2.2 Gesetze und Vorgaben mit Relevanz für die IT

Inzwischen gibt es gute Übersichten zu Gesetzen und Vorgaben für einen umfassenden Compliance-Begriff (vgl. [Johannsen & Goeken 2007; Menzies 2006] für Deutschland und Europa sowie [Tarantino 2006] für US-spezifische Regelwerke). Gesetze und Vorgaben lassen sich beispielsweise nach Themenfeldern wie Datenschutz, Geldwäsche, Kundendaten, Finanzberichterstattung, Kapitalausstattung sowie operationellen Risiken gliedern [Delbaere & Ferreira 2007]. Rechtsnormen mit direktem IT-Bezug sind das BDSG, SigG, TMG und KonTraG sowie die Grundsätze ordnungsmäßiger Buchführung (GoBS) und die Grundsätze zum Datenzugriff und zur Prüfbarkeit digitaler Unterlagen (GDPdU) [Klotz 2007]. Das andere Ende des Spektrums markiert zum Beispiel der Payment Card Industry Data Security Standard (PCI DSS), der zwar kein Gesetz, aber eine restriktiv durchgesetzte Vorgabe für Unternehmen ist, die

Kreditkartendaten verarbeiten und Zahlungsverkehr abwickeln.

2.3 Anforderungen an die IT und den Umgang mit Daten

Die Herstellung der Compliance in der IT verlangt, Anforderungen aus allen das Unternehmen betreffenden Gesetzen, Rechtsnormen und regulatorischen Vorgaben umzusetzen. Inzwischen sind 75 % der Unternehmen von mindestens einer und etwa 50 % von mehr als drei Vorgaben betroffen, zudem korreliert die Unternehmensgröße positiv mit der Anzahl einzuhaltender Vorgaben [Hurley 2004]. Die Umsetzung der Vorgaben erfordert ihre korrekte Interpretation, Ableitung konkreter Anforderungen, deren vollständige Implementierung sowie ihre Aufrechterhaltung. Hinzu kommt der faktische Nachweis der Wirksamkeit von Schutz- und Kontrollmaßnahmen für Anwendungssysteme und IT-Infrastruktur im Geltungsbereich der Vorgabe. Die Anforderungen lassen sich wie folgt einteilen:

- *Nutzung der IT.* Da die IT in vielen Unternehmen ein unverzichtbarer Bestandteil der Geschäftstätigkeit ist, gelten hohe Anforderungen an ihre Funktionssicherheit und Verfügbarkeit. Das bedeutet unter anderem den Schutz von gehaltenen Daten, IT-Infrastruktur sowie Anwendungssystemen, die kontrollierte Vergabe von Benutzerberechtigungen innerhalb der Anwendungssysteme sowie die Protokollierung und Aufbewahrung der Daten über die Nutzung aller IT-Systeme. Teilweise wird ein Nachweis über Ausfallzeiten kritischer IT-Systeme gefordert, um mit historischen Daten Verfügbarkeitsprognosen zu erstellen.
- *Handhabung der Daten.* Hier geht es primär um den Schutz vor Manipulation, Zerstörung und unberechtigter Einsichtnahme. Integrität, Vertraulichkeit und Verfügbarkeit der Daten sind notwendig, um Entscheidungen im Unternehmen verlässlich treffen und vollständige und korrekte Informationen an Dritte geben zu können, auch außerhalb der Finanzberichterstattung. Dazu kommen gesetzliche Vorgaben für die Aufbewahrungsfrist und Vorschriften zur Löschung von Daten. Die Beachtung der Eigentümerschaft und insbesondere der Umgang mit personenbezogenen Daten bilden eine weitere Untergruppe der Forderungen.

Zur gesicherten Einhaltung aller Vorgaben müssen die Unternehmen ein sogenanntes internes Kontrollsystem einführen [Menzies 2004, S. 74]. Es besteht aus Regelungen zur Steuerung der Unternehmensaktivitäten (internes Steuerungssystem) und Regelungen zur Überwachung der Einhaltung dieser Regelungen (internes Überwachungssystem). Das interne Überwachungssystem umfasst prozessintegrierte und prozessunabhängige Überwachungsmaßnahmen, die beispielsweise eine Interne Revision kontrollieren kann. IT-Systeme spielen eine zentrale Rolle bei dieser Überwachungsfunktion: einmal als Objekt der Überwachung (z. B. Finanzbuchhaltungssysteme) und einmal als Hilfsmittel zur Ausübung der Überwachung (z. B. Zugangskontrollsysteme). Insbesondere wenn Kontrollmechanismen aus manuellen Prozessen und Handlungsvorschriften für Mitarbeiter bestehen, ist die Wirksamkeit dieser Kontrollen regelmäßig zu testen und das Ergebnis zu dokumentieren. Es geht in allen Fällen darum, die vom Unternehmen gewünschten oder von Dritten geforderten Abläufe einzuhalten, dies nachzuweisen und der Unternehmensführung ihre Verantwortung dafür deutlich zu machen.

2.4 Einfluss der IT-Compliance auf Leistungsfähigkeit und Wertbeitrag der IT

Maßnahmen zur Herstellung der Konformität mit gesetzlichen und regulatorischen Vorgaben werden nachfolgend als »Investitionen in Compliance« bezeichnet. Dazu zählen beispielsweise Änderungen an Anwendungssystemen, an IT-Prozessen, Konfigurationen von Datenbank- und Betriebssystemen sowie aktiven Netzwerkkomponenten. Zur Umsetzung der Vorgaben werden zum Teil die umfassende Protokollierung (Nachvollziehbarkeit von Änderungen), die Aufteilung von Daten auf räumlich getrennte Speichersysteme (Schutz vor Verlust) und die Einführung des Vieraugenprinzips gefordert (Verhinderung von Manipulationen). Es gibt sowohl einmalige Maßnahmen wie die Einführung eines Berechtigungskonzepts für betriebskritische Anwendungen als auch wiederkehrende Maßnahmen wie den Schutz der IT-Infrastruktur durch die Installation aktueller Patches und Sicherheits-Updates. Gefordert sind weiterhin Kontrollhandlungen oder der Test, inwiefern Kontrollen wirksam sind, korrekt und regelmäßig durchgeführt werden und ob im Bedarfsfall Korrekturen erfolgen. Die Beispiele zeigen deutlich, dass diese Anforderungen an die IT-Systeme und die IT-Organisation primär dem Schutz- und Kontrollbedürfnis dienen, nicht der Steigerung von Leistungsfähigkeit und Flexibilität.

Nach der erstmaligen Einrichtung dieser Schutz- und Kontrollmaßnahmen wird weiterhin Personal benötigt, um Kontrollhandlungen durchzuführen, sie zu dokumentieren und gegenüber Behörden, Prüfern oder Regulatoren nachzuweisen. Um sicherzugehen, dass eine anstehende Überprüfung der geforderten Maßnahmen durch externe Dritte erfolgreich ist, wird oft die Anzahl der internen Audits erhöht, was weiteren Personaleinsatz bedeutet. Insgesamt werden Ressourcen gebunden, IT-Prozesse mit zusätzlichen Kontrollen abgesichert und IT-Systeme deutlich stärker überwacht.

Abbildung 3 symbolisiert den Rückgang der IT-Performance ab dem Punkt, ab dem die IT-Compliance hergestellt wurde, wirksam ist und aufrechterhalten wird. Auf den Wertbeitrag der IT für das Unternehmen wirken Investitionen in die IT-Compliance anders (vgl. Abb. 4): Ausgehend vom Niveau vor der erstmaligen Herstellung der Compliance ist der Zugewinn zunächst erheblich, da die IT einen wichtigen Beitrag zur Corporate Compliance liefert, oder umgekehrt, da ohne die Compliance der IT die Compliance des Unternehmens gefährdet ist.

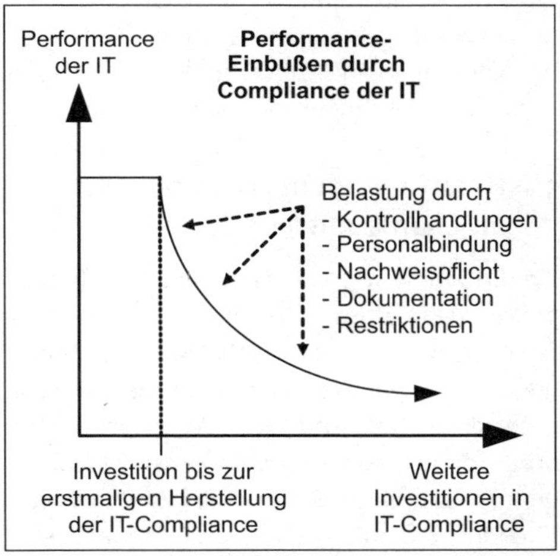

Abb. 3: IT-Compliance wirkt auf Leistungsfähigkeit der IT

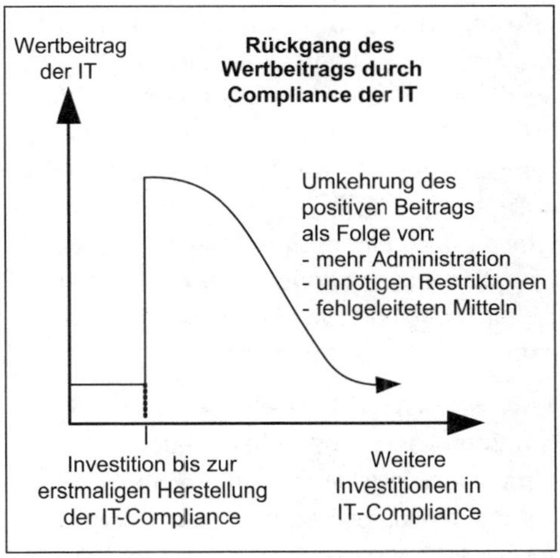

Abb. 4: Einfluss der IT-Compliance auf Wertbeitrag der IT

Darüber hinausgehende Investitionen in die Compliance erhöhen diesen Wertbeitrag der IT nicht weiter, da für Gesetzgeber, Regulator, Prüfer oder Zertifizierer der geforderte Zustand bereits erreicht ist. Es gibt sogar den gegenteiligen Effekt: Mehr Kontrolle und weitere Schutzmaßnahmen schränken Flexibilität, Handlungsspielraum und Gestaltungsmöglichkeiten der IT noch weiter ein. Dennoch haben Unternehmen oft aufwendige Programme, um die Gefahr einer Non-Compliance zu verhindern, mit all den genannten Konsequenzen [Hurley 2006].

3 Herausforderung: IT-Compliance als Chance nutzen

Zur Erfüllung von Gesetzen und Vorschriften gibt es keine Alternative, ohne die Handlungsfähigkeit oder gar den Fortbestand des Unternehmens zu gefährden. Der Verweis auf diese gesetzliche Notwendigkeit ist zwar richtig, bringt den CIO aber kaum aus der Rechtfertigungssituation, in der er sich latent befindet [Broadbent & Kitzis 2005]. Zudem wird deutlich, dass Investitionen nicht nur unterschiedlich zu Leistungsfähigkeit, Wertbeitrag und Compliance der IT beitragen, sondern die ausgelösten Effekte sogar kontraproduktiv ausfallen. Um diesen Konflikt aufzulösen, benötigt der CIO eine Strategie, um die negativen Effekte bei Investitionen in Compliance zunächst zu kompensieren und danach das Investment zu nutzen, um zusätzliche Vorteile zu erzielen. Das schließt auch ein, nach der Herstellung der IT-Compliance Investitionen nicht zu beenden und die nachfolgenden vier Erfolgsfaktoren von Beginn an konsequent zu beachten:

- *Verantwortung*. Herstellung und Erhalt der IT-Compliance sind Aufgaben der Unternehmensführung. Sie muss ihre Verantwortung durch ein klares Bekenntnis zur Compliance, Überwachung des Verfahrens und ausreichende Mittelbereitstellung wahrnehmen, auch wenn die operative Umsetzung oft an den CIO delegiert wird.
- *Planung*. Bereits vor Beginn eines Compliance-Projekts sind Maßnahmen einzuplanen, die eine aufwandsreduzierte Implementierung der Anforderungen unterstützen, etwa die Standardisierung der IT-Prozesse oder die Bereinigung der IT-Systemlandschaft. Bei allem Gewinn für das Compliance-Projekt ist zu beachten, dass auch diese Maßnahmen teils erheblichen Aufwand bedeuten können.
- *Budget*. Über die Herstellung der IT-Compliance hinaus müssen weitere Maßnahmen budgetiert werden. Sie erhöhen die Investition zunächst, haben aber lang anhaltend positive Effekte. Beispielsweise ist ein *erweiterbares* System aus Controls zur Sicherstellung multipler Compliance-Anforderungen aufwendiger, es erlaubt aber, zukünftige Vorgaben mit weniger Aufwand und vor allem schneller zu implementieren.
- *Qualitätssteigerung*. Merkmale der IT als Folge der Compliance müssen konsequent zur Qualitätsverbesserung, Fehlerreduktion und für mehr Stabilität im IT-Betrieb genutzt werden. Ein solides Fundament aus sicheren Basisdiensten bedeutet Fehlervermeidung statt Fehlerkorrektur, und das erlaubt komplexere und damit höherwertige Leistungen der IT – für Anbieter von IT-Dienstleistungen eine zentrale Fähigkeit.

Damit entstehen die Voraussetzungen, den nach der erstmaligen Herstellung der IT-Compliance geschaffenen Wertbeitrag der IT längerfristig aufrechtzuerhalten sowie die zunächst beeinträchtigte Performance zu rekonstruieren und danach auf ein höheres Niveau zu heben als zuvor. Abbildung 5 veranschaulicht die Situation: Wenn nach Maßnahmenbeginn (t_1) die IT-Compliance erstmalig hergestellt ist (t_2: $\neg C \Rightarrow C$) und danach Investitionen ausbleiben, kann die Wirksamkeit der Controls nachlassen. Das kann bis zum Verlust der Compliance führen ($t_{non\text{-}c}$: $C \Rightarrow \neg C$), etwa durch fehlerhafte Änderungen an IT-Prozessen und IT-Systemen. Parallel dazu sinkt die Performance der IT, da auch wirkungslos gewordene Überwachungsmaßnahmen weiterhin Aufwand bedeuten. Damit addieren sich zwei nachteilige Effekte mit negativen Folgen für Compliance *und* Performance der IT.

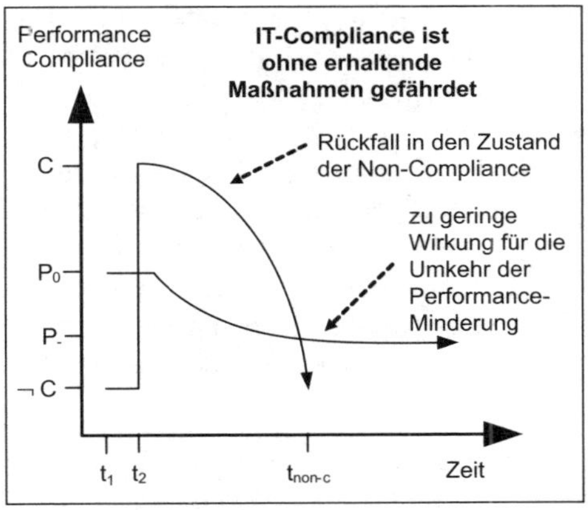

Abb. 5: Zu geringe Investitionen in die IT-Compliance

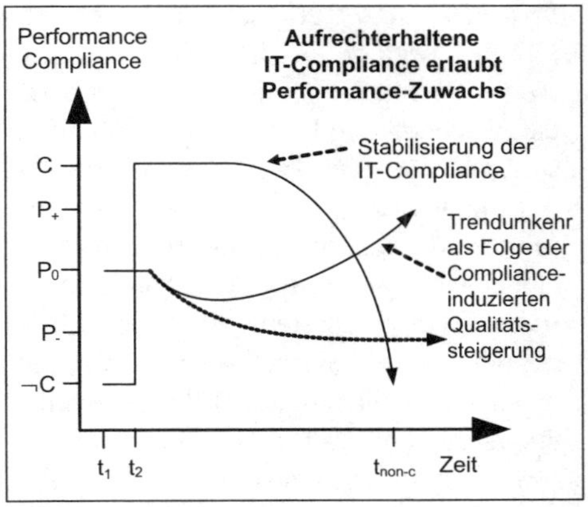

Abb. 6: Längerfristige Investition in die IT-Compliance

Eine regelmäßige Überwachung, Anpassung und vor allem Optimierung verlangsamt die »Erosion« der Controls und trägt auch dazu bei, dass negative Auswirkungen auf die Performance der IT abnehmen. Das erfordert, die Investition in die IT-Compliance über den Zeitpunkt der erstmaligen Herstellung zu verlängern, und zwar bis die positiven Effekte der IT-Compliance erste Wirkung zeigen. Dieser verzögerte Effekt ist in anderem Zusammenhang als »IT Value Latency« [Goh & Kauffman 2005] bekannt.

Abbildung 6 veranschaulicht diese Latenz, nach der die Trendumkehr einsetzt. Erst danach ist es möglich, durch weniger Fehler, wirksamere IT-Prozesse und verbesserte Transparenz des gesamten IT-Betriebs den Effekt umzukehren. Anderenfalls besteht die Gefahr, dass getätigte Investitionen letztlich nutzlos waren und im Jahr nach der ersten erfolgreichen Testierung viele Arbeiten erneut anfallen.

4 Gestaltungsgrundsätze für mehr Wertbeitrag der IT durch IT-Compliance

Die Herstellung der IT-Compliance kann zur Chance für die IT werden, Qualität, Leistungsfähigkeit und strategische Ausrichtung signifikant zu verbessern. Voraussetzung ist jedoch eine wirksame IT-Governance [Fröhlich & Glasner 2007; Weill & Ross 2004]. Sie stellt als Steuerungsfunktion der Unternehmensführung sicher, dass auf operativer Ebene die nachfolgenden Gestaltungsgrundsätze beachtet werden und die IT-Compliance auf strategischer Ebene einen Wertbeitrag für das Unternehmen leistet.

4.1 Strategie: Offener Ansatz, weitsichtige Planung und methodisches Vorgehen

Die Herstellung der IT-Compliance verlangt von Beginn an eine Strategie, die Zukunftsfähigkeit, Weitsicht und Methodik in der Umsetzung umfasst:

- *Zukunftsfähigkeit schaffen.* Bereits die erstmalige Herstellung der Konformität mit einer Vorgabe muss Voraussetzungen schaffen, kommende Gesetze und regulatorische Vorgaben umzusetzen. Damit wird aus der Einzelmaßnahme zur isolierten Erfüllung einer Vorgabe ein kontinuierlicher Prozess, der diese und nachfolgende Anforderungen systematisch aufnimmt, interpretiert, für die Umsetzung sorgt und das Ergebnis nachweist [Ross 2007].
- *Weitsicht zeigen.* Ein Teil der Maßnahmen zur Herstellung der IT-Compliance ist notwendig,

bevor die Umsetzung der geltenden Vorschriften beginnt. Beispielsweise ist die Implementierung von Controls einfacher, wenn die zu überwachenden IT-Prozesse einheitlich sind, also beispielsweise das Change Management nicht systemspezifisch durchgeführt wird, sondern alle Änderungen einem einheitlichen Prozess folgen. Anderenfalls müssen zunächst systemspezifische Controls definiert werden, die nach einer anschließenden Vereinheitlichung der IT-Prozesse hinfällig werden und nochmals definiert und implementiert werden müssen.

- *Methodik nutzen.* Der Ansatz darf nicht reaktiv sein und Vorgaben isoliert umsetzen, insbesondere nicht nur auf technische Lösungen bauen. Es empfiehlt sich vielmehr, das Thema Compliance in den Zusammenhang mit Risikomanagement und Governance zu setzen, beispielsweise wie im GRC-Stufenmodell [Menzies 2006, S. 65-77].

Die Strategie der Zukunftsorientierung, weitsichtigen Planung und richtigen Methode muss über das gesamte Vorhaben zur Herstellung der IT-Compliance erkennbar bleiben.

4.2 Vorgehen: Situationsanalyse und Reifegradbestimmung der IT

Wichtige Elemente des methodischen Vorgehens bei der Herstellung der IT-Compliance sind die Situationsanalyse und die Reifegradbestimmung der IT:

- *Situation analysieren.* Zu Beginn werden alle Gesetze und Vorgaben identifiziert, die für das Unternehmen gelten und Auswirkungen auf die IT haben. Diese Bestandsaufnahme liefert einen Katalog von Anforderungen, zur besseren Handhabung nach Herkunft, Anwendungsbereich und Nachweismodalitäten klassifiziert. Da die Vorgaben häufig allgemein gehalten sind und die korrekte Ableitung IT-spezifischer Anforderungen Schwierigkeiten macht, ist die Hinzuziehung von Spezialisten sinnvoll. Eine gründliche Analyse hilft, Überlappungen aus unterschiedlichen Vorgaben zu erkennen und übergreifend zu behandeln [Kolodgy 2005].
- *Reifegrad bestimmen.* Für die Planung ist zudem die Bestimmung des Reifegrads der IT-Organisation und ihrer IT-Prozesse notwendig. Es gilt herauszufinden, auf welchem Niveau die IT-Organisation steht, um zu entscheiden, welche Änderungen Priorität haben und in welchem Zeitraum sie machbar sind.

Diese planerischen Elemente schaffen die notwendigen Voraussetzungen, um die erfolgreiche Herstellung der IT-Compliance einzuleiten.

4.3 Implementierung: Erweiterbares Framework für Controls in der IT

Es ist zu erwarten, dass die Anzahl gesetzlicher und regulatorischer Vorgaben zunimmt. Auch wenn es in Bereichen mit hoher Regelungsdichte Versuche einer Konsolidierung und Vereinfachung gibt, müssen global tätige Unternehmen weiterhin viele Vorgaben erfüllen. Anstatt bei der Umsetzung jeder neuen Vorgabe die für sie notwendigen Controls abzuleiten und einzeln zu implementieren, lohnt sich der Aufwand einer Zwischenschicht mit dem Anforderungskatalog. Abbildung 7 zeigt schematisch die n:m-Beziehung zwischen Vorgaben und Zielen einerseits und Zielen und Controls andererseits.

Nach einem zunächst höheren Aufwand für die Einrichtung der Zwischenschicht steigt mit jeder neuen Vorgabe die Wahrscheinlichkeit, die darin enthaltenen Forderungen an die IT bereits als Ziel formuliert zu haben zusammen mit den dazu erforderlichen Controls. Beim Design des Control Framework sind drei Schritte notwendig:

- *Anforderungen konsolidieren.* Gesetze und Vorgaben haben überlappende Anforderungen an die IT, überwiegend geht es jedoch um Daten- und Netzwerksicherheit, Integrität der Daten und Informationen, Einhaltung

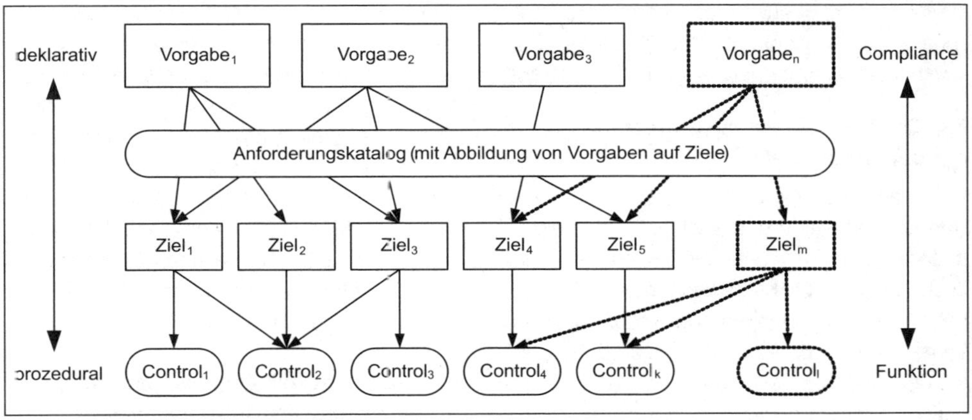

Abb. 7: Sicherstellung von Zielen aus unterschiedlichen Vorgaben

der Aufbewahrungsfristen und Sicherstellung des Zugriffs auf diese Daten während dieser Zeit. Die Implementierung einer geeigneten Kontrolle bildet gleichartige Forderungen aus bereits vorhandenen und zukünftigen Vorgaben darauf ab. Das ist effizienter und günstiger als die Vorgaben einzeln zu betrachten und isoliert umzusetzen, allerdings muss dieser Ansatz gut dokumentiert werden, um später nachvollziehbar zu sein.

- *Gestaltungsspielraum nutzen.* Gesetze und regulatorische Vorgaben machen selten konkrete Vorschriften, wie sie technisch umzusetzen sind (eine Ausnahme: PCI DSS). Für die Überwachung der Einhaltung ist jedoch gefordert, dass die Controls angemessen und wirksam sein müssen. Dabei bleibt ein Interpretationsspielraum für die organisatorische, prozessbezogene oder technische Umsetzung der Controls, der durch eine konsequente Risikoorientierung nutzbar wird [Müller & Supatgiat 2007].
- *Frameworks einsetzen.* Sammlungen etablierter Controls für die IT wie CobiT [ITGI 2007b] erleichtern die Entwicklung eines Control Framework, ferner gibt es beispielsweise für die sogenannten IT General Controls weitergehende Empfehlungen, um die Anforderungen aus SOX [ITGI 2004] und Basel II [ITGI 2007a] abzudecken.

Das Control Framework ist für jedes Unternehmen unterschiedlich, da die umzusetzenden Vorgaben und die implementierten IT-Prozesse selten identisch sind.

4.4 Integration: Einbettung von Controls in die IT-Prozesse

Controls zur Sicherstellung ordnungsgemäß und fehlerfrei ausgeführter IT-Prozesse können unterschiedlich gestaltet werden. Im einfachsten Fall überwachen zusätzlich ausgeführte Kontrollhandlungen Verlauf und Ergebnis eines IT-Prozesses. Allerdings führt diese Umsetzung zu Mehraufwand, Behinderungen im Ablauf und geringer Effizienz. Das Reifegradmodell für Controls sieht als Optimum die Integration der Controls in die IT-Prozesse vor [Menzies 2004, S. 101]. Ein integriertes Process & Control Framework [Fröhlich & Glasner 2007, S. 229] strebt dies an, etwa durch die Kombination von ITIL-Prozessen und CobiT [ITGI 2007b]. Die Integration optimiert allerdings primär den Ablauf, also die Performance des IT-Prozesses. Es ist nicht gesagt, dass damit auch die Qualität der Überwachung steigt. Eine strikte Trennung von IT-Prozess und Controls kann dies eventuell besser leisten, wenn auch mit höherem Aufwand, sodass eine risikoorientierte Abwägung zwischen den Implementierungsvarianten ansteht.

4.5 Operationalisierung: Umsetzung der Kontrollziele

Wesentliche Elemente des Control Framework sind Kontrollziele (Control Objectives), deklarativ formulierte Ziele oder Beschreibungen eines Zustands. Sie stellen das Pendant der Anforderungen aus gesetzlichen oder regulatorischen Vorgaben dar, müssen aber operationalisiert werden, also von der deklarativen in die prozedurale Form übergehen:

- *Richtlinien und Standards.* Ausgehend von unternehmensweit gültigen und daher abstrakt formulierten Richtlinien geschieht dies über eine schrittweise Konkretisierung, Spezialisierung und Detaillierung. Das führt zu einer kaskadierten Struktur von Dokumenten, in denen Standards die Umsetzung von Richtlinien beschreiben.
- *Prozesse und Anweisungen.* Sie bilden das untere Ende der Kaskade und enthalten detaillierte Beschreibungen des geforderten Vorgehens oder vorgeschriebene Systemeinstellungen. Prozesse und Anweisungen müssen durchführungsorientiert gestaltet sein, sodass konkrete Maßnahmen und Handlungen für den Betrieb erkennbar werden.

Zumindest für die IT-Sicherheit als Bestandteil der Compliance-Anforderungen gibt es schon gute Gestaltungshinweise für diese Operationalisierung [Peltier 2004], die auch für andere Aspekte übertragbar sind.

4.6 Transformation: Compliance-Projekte frühzeitig in den Regelbetrieb überführen

Projekte zur Herstellung der IT-Compliance haben die gleichen Merkmale wie andere Projekte auch: eine temporäre Organisationsform, vorübergehend bereitgestellte Ressourcen, externe Dienstleister und Berater, zeitliche Restriktionen und insbesondere den Auftrag, die IT-Organisation nachhaltig zu verändern. Werden diese Projekte nicht bereits vor ihrem Abschluss in den Regelbetrieb der IT-Organisation überführt, sehen Projektmitglieder und nicht beteiligte IT-Abteilungen die Herstellung der IT-Compliance leicht als einmalige Aktion an. Dabei sind die Einführung und der Erhalt der IT-Compliance gerade kein einmaliges Vorhaben, weil in vielen Fällen die Prüfung oder die Zertifizierung jährlich notwendig ist.

4.7 Nachhaltigkeit: Organisatorische Einbettung der IT-Compliance

IT-Compliance hat ein »natürliches Abklingverhalten«: Ohne regelmäßige Prüfung, ob die implementierten IT-Prozesse eingehalten und die geforderten Konfigurationen beachtet werden, besteht die Gefahr des Rückfalls in den vorherigen Zustand. Die Effektivität der Controls ist allein schon dadurch gefährdet, dass IT-Prozesse, Anwendungssysteme und IT-Infrastruktur Änderungen unterliegen, die die Wirksamkeit der Controls beeinträchtigen können. Auch der umgekehrte Fall ist möglich: die Änderung der Gesetzeslage, die die Überprüfung der implementierten Maßnahmen erfordert. Daher gibt es zwei Empfehlungen an den CIO:

- *Strukturen schaffen.* Ein zentrales IT-Compliance Office beugt dieser Gefahr vor, indem es den Erhalt der erreichten IT-Compliance überwacht. Da Herstellung und Erhalt der IT-Compliance unternehmensweite Aufgaben sind, muss das IT-Compliance Office aus allen Bereichen der IT, und das kann standort- und länderübergreifend bedeuten, Informationen zum Status konsolidieren und in anderer Richtung Durchgriff auf alle nachweispflichtigen Bereiche haben.
- *Unterjährig prüfen.* Hilfreich für den Erhalt der erreichten IT-Compliance ist die Durchführung interner Audits, da sie Schwachstellen und Defizite frühzeitig aufdecken. Abwarten bis zum Folgejahr und die Auditierung

durch den externen Prüfer birgt die Gefahr, nicht mehr rechtzeitig reagieren zu können und damit eine unzureichende Bescheinigung zu erhalten [Bakman 2007].

Ein zentrales IT-Compliance Office integriert zudem Initiativen zu Herstellung und Nachweis der Konformität mit mehreren Vorgaben. Dies reduziert den Gesamtaufwand, da die Überprüfung der Wirksamkeit der Controls durch unterschiedliche Abteilungen wiederholt Belastungen mit sich bringt. Ein IT-Compliance Office bietet weiterhin die Möglichkeit, vorhandene Abteilungen im Unternehmen (IT-Sicherheitsmanagement, IT-Risk Management, Interne Revision) zu entlasten, solange die Funktionstrennung erhalten bleibt.

4.8 Nachweisbarkeit: Konsolidierung von Daten für den Compliance-Nachweis

Die Anforderungen der unterschiedlichen Regulatoren, länderspezifische Gesetze und die jeweiligen Schwerpunkte der Vorgaben führen zwangsläufig zu Überlappungen bei den Vorschriften zum Nachweis der IT-Compliance [Delbaere & Ferreira 2007]. Selbst wenn nur zwei Vorgaben zu beachten sind, lohnt sich die Identifikation mehrfach verwendbarer Berichtsformate aus gemeinsamer Datenquelle; und mit jeder weiteren daraus zu bedienenden Vorgabe zahlt sich diese Herangehensweise aus. Dazu ist allerdings vorab eine Konsolidierung der Compliance-relevanten Daten notwendig, insbesondere die im Geltungsbereich befindlichen Anwendungssysteme, Verzeichnisse der Benutzer, ihre Rollen und vor allem ihre Zugriffsberechtigungen auf IT-Systeme.

4.9 Unterstützung: Werkzeuge entlang des Lifecycles der IT-Compliance

Der Compliance-Lifecycle umfasst die Phasen von der Identifikation der relevanten Vorgaben bis hin zum Nachweis, dass die darin enthaltenen Anforderungen an die IT faktisch erfüllt sind [Ross 2007]:

- *Anforderungen formalisieren.* Werden die Anforderungen an die IT aus unterschiedlichen Gesetzen und regulatorischen Vorgaben identifiziert, explizit beschrieben, sorgfältig formalisiert und in einem Repository hinterlegt, erleichtert das eine systematische Suche nach Überlappungen und Redundanzen. Das wiederum begünstigt das Design eines Control Framework, das mit möglichst wenigen Controls alle zu erfüllenden Forderungen sicherstellt [LeVine 2006].
- *Deckungslücken identifizieren.* Wird das Repository mit den Anforderungen an die IT um die bereits implementierten Controls erweitert und die Beziehungen zwischen beiden Elementen hinterlegt, sind Analysen zum Stand der Abdeckung von Compliance-Anforderungen möglich. Auch die Umkehrung ist denkbar: das Auffinden von Controls, die nach Wegfall einer Vorgabe keine Bedeutung mehr haben und daher ohne Schaden aus dem Framework entfernt werden können.
- *Bewertung unterstützen.* Nach der Implementierung geeigneter Controls müssen beispielsweise die Anwendungssysteme im Geltungsbereich der jeweiligen Vorgabe auf die Einhaltung der Anforderungen überprüft werden. Dieses Compliance-Assessment kann unterstützt werden. Bei entsprechender Gestaltung des Bewertungsprozesses ist die automatische Ausblendung nicht anwendbarer Vorgaben möglich, was den Prozess vereinfacht und den Aufwand reduziert.
- *Behebung überwachen.* Sind die Abweichungen von Compliance-induzierten Anforderungen zentral erfasst, erleichtert dies ihre Behebung erheblich. Insbesondere wenn die Compliance-Anforderungen gewichtet werden, lassen sich die einzelnen Defizite klassifizieren und priorisieren, sodass die Mittelverwendung im Remediation-Prozess risikoorientiert und damit wesentlich effektiver erfolgt.
- *Umsetzung automatisieren.* Für einen Teil der Anforderungen zur IT-Sicherheit können

Maßnahmen automatisiert werden. Beispielsweise folgt aus vielen Gesetzen und regulatorischen Vorgaben die Anforderung, die IT-Systeme vor »malicious software« zu schützen. Dazu dient die Installation aktueller Betriebssystemversionen, die Verteilung von Patches gegen erkannte Sicherheitslücken, die Installation von Antivirensoftware sowie die Verteilung aktueller Virensignaturen. Auch wenn dies nur ein Teil der geforderten IT-Sicherheit ist, kann die Automatisierung in komplexen IT-Infrastrukturen den Aufwand für die IT-Compliance stark reduzieren.

- *Nachweise erbringen.* Auswertungen, die Auskunft über die Konfiguration der IT-Systeme oder die Wirksamkeit von Controls geben, sind Bestandteil der IT-Compliance. In komplexen IT-Umgebungen müssen die notwendigen Daten zusammengeführt und konsolidiert werden, um den Nachweis gegenüber multiplen Vorgaben zu erbringen, etwa durch einen Auditing und Reporting Service [Ramanathan et al. 2007].

Der Schritt zur Automatisierung muss insbesondere dann vollzogen werden, wenn Gesetzgeber und Regulatoren statt der bisherigen periodischen Berichterstattung für die IT eine kontinuierliche Berichterstattung fordern [Luthy & Forcht 2006].

4.10 Transparenz: Offenlegung und Kommunikation

Da eine betriebswirtschaftliche Rechtfertigung der IT-Compliance nicht immer gelingt, müssen die Motive, Notwendigkeiten und Vorteile sorgfältig aufbereitet werden. Dazu muss zuallererst Transparenz über die einschlägigen Vorgaben, deren Geltungsbereich und die Konsequenzen im Falle der Nichtbefolgung hergestellt werden. Weiterhin ist erforderlich, die Anforderungen gegenüber der IT präzise zu begründen; der Verweis auf die Gesetzeslage reicht oft nicht aus, um substanzielle Unterstützung bei allen Beteiligten zu erhalten.

5 Nutzenpotenzial der IT-Compliance

Da gesetzliche und regulatorische Vorgaben unterschiedliche Schwerpunkte haben und im Detail voneinander abweichende Anforderungen an die IT stellen, sind die Vorteile einer damit konformen IT ebenfalls unterschiedlich. Im Folgenden werden in der gebotenen Allgemeinheit die Möglichkeiten vorgestellt, die sich nach Übereinstimmung mit fast allen Vorgaben ergeben, weil es bezogen auf die IT im Wesentlichen um Sicherheit, Fehlervermeidung und Verfügbarkeit geht:

- *Schutz: Abwehr von Strafen, Auflagen und Reputationsverlust.* So berechtigt wie die Frage nach dem Nutzen der IT-Compliance ist, so wenig darf vergessen werden, dass die Einhaltung der Gesetze und Vorgaben das Unternehmen in erster Linie vor Strafen, Auflagen und Einschränkungen in der Geschäftstätigkeit schützt. Die Missachtung von Gesetzen und Vorgaben kann zivilrechtliche und strafrechtliche Folgen haben, hinzu kommt der Reputationsschaden in der Öffentlichkeit.
- *Qualität: Beseitigung von Defiziten in der IT-Organisation.* Die Untersuchung der IT-Organisation deckt oft Schwachstellen auf, die im Rahmen des laufenden Compliance-Projekts korrigiert werden können. Allein die Korrektur eines Designfehlers von IT-Prozessen oder der Vergleich mit Best Practices ist bereits ein Wertbeitrag. Das Gleiche gilt für das Schließen von Sicherheitslücken, ganz unabhängig von der Erfüllung gesetzlicher Vorschriften.
- *Effektivität: Wirksame IT-Prozesse durch wirksame Controls.* Ein Teil der Gesetze und regulatorischen Vorgaben fordert, ein internes Kontrollsystem einzurichten, um die Einhaltung bestimmter Vorgaben zu überwachen. Das gilt auch für die IT-Prozesse, beispielsweise für Änderungen in der Produktivumgebung. Ist der Change-Management-Prozess durch wirksame Kontrollmechanismen abgesichert, werden Produktionsausfälle als Folge

unabgestimmter Änderungen deutlich unwahrscheinlicher.

- *Standardisierung: Variantenreduktion bei den IT-Prozessen.* Die standardisierte Dokumentation der IT-Prozesse zeigt zwangsläufig vorhandene Gestaltungsvarianten auf. Es bietet sich an, die Harmonisierung bis hin zur Vereinheitlichung der IT-Prozesse vorzunehmen, bevor die Controls implementiert werden.
- *Wachstumsfähigkeit: Compliance schafft Entlastung.* IT-Compliance bedeutet einen Zugewinn an Betriebssicherheit, Verlässlichkeit und Stabilität in der IT, sodass der CIO weniger Zeit und Managementkapazität in den ordnungsgemäßen Betrieb der IT investieren muss. Das schafft die Möglichkeit, sich statt den operativen Themen intensiver strategischen Fragen zuzuwenden.
- *Wertbeitrag: Steigerung des Unternehmenswertes.* Selbst wenn die IT selten über Erfolg oder Misserfolg eines Unternehmenskaufs entscheidet, so ist doch der Unternehmenswert höher, wenn die IT konform zu den geltenden Vorgaben ist. Anderenfalls mindern die kaum abschätzbaren Kosten für die Herstellung der IT-Compliance den Kaufpreis nachhaltig, um damit das enthaltene Risiko zu kompensieren.
- *Auditierbarkeit: Weniger Vorbereitung und kürzere Durchführung.* Mit der systematischen Analyse geltender Gesetze und Vorgaben, der sorgfältigen Ableitung der Anforderungen an die IT sowie der Entwicklung und Implementierung wirksamer Controls zur Einhaltung der Anforderungen zeigt das Unternehmen das ernsthafte Bestreben, die Vorgaben zu erfüllen. Diese Bestrebungen ersetzen keine Prüfung durch externe Dritte, reduzieren jedoch die Zeit und den Aufwand im Vorfeld dieser Prüfung erheblich. Bereits die Dokumentation der IT-Prozesse trägt dazu bei, die anstehende Prüfung schneller vorzubereiten, das Design der Controls besser zu beurteilen und die Wirksamkeit der Controls durch das Management zu bewerten.

Es ist zulässig, als Ergebnis der Compliance-Herstellung eine umfassende, aktuelle und einheitliche Dokumentation der IT-Prozesse zu unterstellen. Betriebskritische Anwendungen und die für ihren Betrieb notwendige IT-Infrastruktur werden inventarisiert, Vertrags- und Leistungsbeziehungen zu externen Dienstleistern analysiert und die IT-Sicherheit deutlich erhöht. Je komplexer eine IT-Organisation ist, desto höher ist der Gewinn bereits durch diese Effekte.

Für die Zukunft sind weitere gesetzliche und regulatorische Vorgaben für die Unternehmen zu erwarten, sodass der CIO neben Performance und Wertbeitrag auch die Compliance sicherstellen muss. Gesetzeskonformität der IT ist für die Unternehmen eine Notwendigkeit, um Dienstleistungen anzubieten und den Zugang zum Kapitalmarkt zu erhalten. Effektive IT-Governance zur Gestaltung der IT-Compliance kann die Effizienz, Qualität, Standardisierung und Sicherheit der IT verbessern.

Ein Mehraufwand zu Beginn der Compliance-Initiative ist gerechtfertigt, um dadurch Vorhaben wie die Standardisierung der IT-Prozesse anzugehen, die Anwendungssysteme zu konsolidieren und eine vollständige Dokumentation der IT-Prozesse zu erstellen. Das bedeutet nichts anderes, als die Herstellung der IT-Compliance (endlich) zum Anlass zu nehmen, grundlegende Verbesserungen der IT durchzuführen und sie so auf die nächste Qualitätsstufe zu heben.

6 Literatur

[Bakman 2007] *Bakman, A.*: If Compliance Is So Critical, Why Are We Still Failing Audits? How to Minimize Failure and Make the Audit Process Easier. In: Information Systems Control Journal 2007, Vol. 5, S. 37-40.

[Bäumer 2007] *Bäumer, U.*: Vertragliche und deliktische Haftung. In: Reinhard, Tim; Pohl, Lorenz; Capellaro, Hans-Christoph (Hrsg.): IT-Sicherheit und Recht. Rechtliche und technisch-organisatorische Aspekte für Unternehmen. Erich Schmidt Verlag, Stuttgart, 2007, S. 159-197.

[Brewer 2006] *Brewer, D.*: Security Controls for Sarbanes-Oxley Section 404 IT Compliance: Authorization, Authentication, and Access. Wiley Publishing Inc., NY, USA, 2006.

[Broadbent & Kitzis 2005] *Broadbent, M.; Kitzis, E.*: The new CIO Leader. Setting the Agenda and Delivering Results. Harvard Business School Press, Boston, MA, USA, 2005.

[Brynjolfsson 1993] *Brynjolfsson, E.*: The Productivity Paradox of Information Technology. In: Communication of the ACM, December 1993, Vol. 36, No. 12, S. 67-77.

[Delbaere & Ferreira 2007] *Delbaere, M.; Ferreira, R.*: Addressing the data aspects of compliance with industry models. In: IBM Systems Journal 2007, Vol. 46, No. 2, S. 319-334.

[Dietrich & Schirra 2004] *Dietrich, L.; Schirra, W. (Hrsg.)*: IT im Unternehmen. Leistungssteigerung bei sinkenden Budgets – Erfolgsbeispiele aus der Praxis. Springer-Verlag, Heidelberg, 2004.

[Fröhlich & Glasner 2007] *Fröhlich, M.; Glasner, K. (Hrsg.)*: IT-Governance. Leitfaden für eine praxisgerechte Implementierung. 1. Aufl., Gabler-Verlag, Wiesbaden, 2007.

[Goh & Kauffman 2005] *Goh, K.; Kauffman, R.*: Towards a Theory of Value Latency For IT Investments. In: Proceedings of the 38th Annual Hawaii International Conference on System Sciences (HICSS'05), IEEE, Hawaii, 2005.

[Hurley 2004] *Hurley, J.*: The Struggle to Manage Security Compliance for Multiple Regulations. Whitepaper: Enterprise Security, Symantec, *http://wp.bitpipe.com/resource/org_939987896_418/StruggleToManageHurleyWP_SYM_10530698_In_Network.pdf*; Zugriff am 26.11.2007.

[Hurley 2006] *Hurley, J.*: Managing Spending in IT to Improve Compliance Results, October 2006. Benchmark Research Report, IT Policy Compliance Group, *www.bitpipe.com/detail/RES/1169445966_104.html?asrc=RSS_BP_TERM*; Zugriff am 26.11.2007.

[ITGI 2004] *IT Governance Institute*: IT Control Objectives for Sarbanes-Oxley. IT Governance Institute, Rolling Meadows, Illinois, USA, 2004.

[ITGI 2007a] *IT Governance Institute*: IT Control Objectives for Basel II. The Importance of Governance and Risk Management for Compliance, IT Governance Institute, Rolling Meadows, Illinois, USA, 2007.

[ITGI 2007b] *IT Governance Institute*: CobiT 4.1, Framework, Control, Objectives, Management Guidelines, Maturity Models. IT Governance Institute, Rolling Meadows, Illinois, USA, 2007.

[Johannsen & Goeken 2007] *Johannsen, W.; Goeken, M.*: Referenzmodelle für IT-Governance. Strategische Effektivität und Effizienz mit CobiT, ITIL & Co. 1. Aufl., dpunkt.verlag, Heidelberg, 2007.

[Klotz 2007] *Klotz, M.*: IT-Compliance – auf den Kern reduziert. In: IT-Governance, Zeitschrift des ISACA Germany Chapter, Juli 2007, Heft 1, S. 14-18.

[Kolodgy 2005] *Kolodgy, C.*: Optimizing Your IT Controls Environment for Compliance with Multiple Regulations. Whitepaper, IDC, Framingham, MA, USA, 2005.

[LeVine 2006] *LeVine, R.*: Policy and IT Controls, Compliance Challenges and Solutions. White Paper: Enterprise Security, Symantec Corporation, Cupertino, USA, 2006.

[Luthy & Forcht 2006] *Luthy, D.; Forcht, K.*: Laws and regulations affecting information management and frameworks for assessing compliance. In: Information Management & Computer Security 2006, Vol. 14, No. 2, S. 155-166.

[Masak 2006] *Masak, Dieter*: IT-Alignment. IT-Architektur und Organisation. Springer-Verlag, Berlin, 2006.

[Menzies 2004] *Menzies, Christof (Hrsg.)*: Sarbanes-Oxley Act. Professionelles Management interner Kontrollen. Schäffer-Poeschel Verlag, Stuttgart, 2004.

[Menzies 2006] *Menzies, Christof (Hrsg.)*: Sarbanes-Oxley und Corporate Compliance. Nachhaltigkeit, Optimierung, Integration. Schäffer-Poeschel Verlag, Stuttgart, 2006.

[Müller & Supatgiat 2007] *Müller, Samuel; Supatgiat, Chonawee*: A quantitative optimization model for dynamic risk-based compliance management. In: IBM Journal of Research and Development, May/July 2007, Vol. 51, No. 3/4, S. 295-307.

[Peltier 2004] *Peltier, Thomas R.*: Information Security Policies and Procedures. A Practitioner's Reference. 2nd Ed., Auerbach Publications, Boca Raton, USA, 2004.

[Ramanantah et al. 2007] *Ramanantah, Jayashree; Cohen, Richard J.; Plassmann, Ernst; Ramamoorthy, Karthikeyan*: Role of an auditing and reporting service in compliance management. In: IBM Systems Journal 2007, Vol. 46, No. 2, S. 305-317.

[Ross 2007] *Ross, Steven J.*: Automating Compliance. In: Information Systems Control Journal 2007, Vol. 5, S. 9-10.

[Tarantino 2006] *Tarantino, Anthony*: Manager's Guide to Compliance: Sarbanes-Oxley, COSO, ERM, CobiT, IFRS, BASEL II, OMBs A-123, ASX 10, OECD Principles, Turnbull Guidance. Best Practices and Case Studies. Wiley Publishing Inc., NY, USA, 2006.

[Thatcher & Pingry 2007] *Thatcher, M.; Pingry, D.*: Modeling the IT Value Paradox. In: Communication of the ACM, August 2007, Vol. 50, No. 8, S. 41-45.

[Weill & Ross 2004] *Weill, P.; Ross, J.*: IT Governance. How Top Performers Manage IT Decision Rights for Superior Results. Harvard Business School Press, Boston, MA, USA, 2004.

Dr. Markus Böhm
PricewaterhouseCoopers AG WPG
Olof-Palme-Str. 35
60439 Frankfurt am Main
markus.boehm@de.pwc.com
www.pwc.de

Michael G. Kaiser, Stefan Smolnik, Gerold Riempp

Verbesserte Compliance durch Information Lifecycle Management

Information Lifecycle Management (ILM) zielt auf ein umfassendes Management des Lebenszyklus von Informationsobjekten in Unternehmen ab. Eine wesentliche Zielsetzung des ILM ist dabei die Verbesserung der Compliance. Zu den Nutzenpotenzialen des ILM zählen die Vorratsdatenspeicherung und die Definition von Aufbewahrungsfristen, Datenvernichtung, Dokumentation der Änderungs- und Zugriffshistorie von Daten, langfristige Abnahmefähigkeit im Rahmen der Revision, Zugriffskontrolle sowie Datensicherheit und Business Continuity. Unterstützt wird die Argumentation durch die Darstellung einer praxisorientierten und Compliance-gerechten ILM-Architektur.

Inhaltsübersicht

1 Grundlagen des Information Lifecycle Management

Information Lifecycle Management (ILM) fasst eine Reihe von Konzepten, Prozessen und Technologien im Speicher- und Datenmanagement zusammen. Im Kern wird die Zielsetzung verfolgt, den gesamten Lebenszyklus eines Informationsobjekts von seiner Entstehung oder seinem Eintritt in ein Unternehmen bis hin zu seiner Zerstörung zu verwalten, dies unabhängig davon, in welchem Informationssystem es sich gerade befindet. Dabei sollen vor allem Kosteneinsparungen durch eine Optimierung der verwendeten Speichermedien realisiert werden. ILM tritt damit die Nachfolge von Technologien wie z.B. Hierarchical Storage Management (HSM) an, die bereits anhand einfacher Kriterien Daten auf kostengünstigere (und langsamere) Medien migriert haben, sobald ein schneller Zugriff nicht mehr notwendig war [Peterson & St. Pierre 2004; Born et al. 2004].

Im Gegensatz zu diesen Vorgängertechnologien verfolgt ILM einen wesentlich breiteren Ansatz. Zum einen werden nicht nur relativ einfach zu bestimmende Kriterien wie Alter oder Zugriffshäufigkeiten der Daten in die Erstellung der Migrationsregeln aufgenommen, sondern auch die Inhalte und Metadaten der verwalteten Informationsobjekte selbst berücksichtigt. Zum anderen benutzt ILM wesentlich komplexere Algorithmen, um über den weiteren Verlauf des Lebenszyklus der Informationsobjekte zu entscheiden. ILM nimmt so eine Mittlerposition ein zwischen dem klassischen Speichermanagement, das sich inhaltsagnostisch mit der Speicherung von Daten jeden Typs befasst, und dem Enterprise Content Management (ECM), das wiederum weitgehend unabhängig von der darunterliegenden Speicherinfrastruktur sich nur auf die semantische Komponente der Daten konzentriert (vgl. Abb. 1). Zum ECM zählen vor allem Prozesse und Infor-

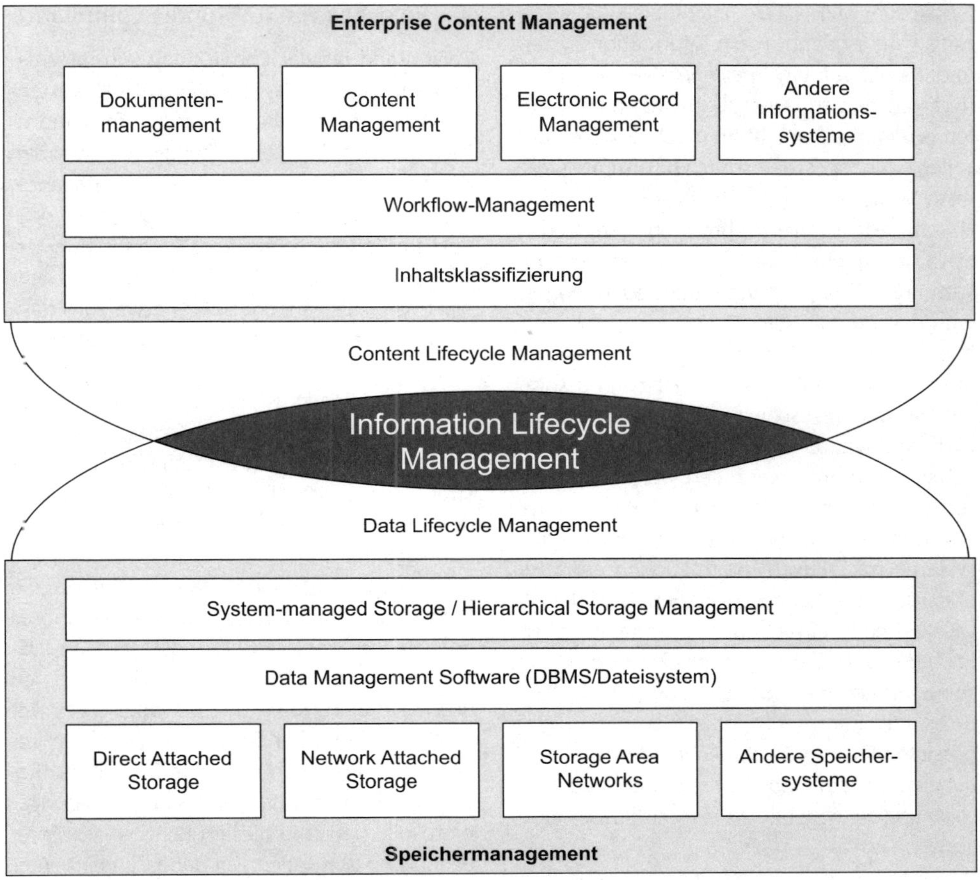

Abb. 1: Die Rolle von ILM zwischen ECM und Speichermanagement

mationssysteme des Dokumentenmanagements, des Content und Electronic Record Management und des Workflow-Managements sowie für die Inhaltsklassifikation.

Der Kernprozess innerhalb des ILM-Konzepts ist die Bewertung von Informationsobjekten, die eine Klassifizierung der Informationsobjekte erfordert. Die Klassen werden zunächst auf Basis einer Serie von Kriterien definiert, die auf einfachen Dateiattributen wie Größe und Alter, aber auch komplexen Zusammenhängen, etwa dem Status eines mit dem Informationsobjekt verknüpften Geschäftsprozesses, aufbauen können. Sind die Klassen definiert, werden ihnen spezifische Kriterien zugewiesen, die von den eingesetzten Speichermedien erfüllt werden müssen. Dies beinhaltet die nötige Performance, also Latenzen und Übertragungsraten, und grundsätzliche Merkmale der Datensicherheit, also Backup-Frequenz oder Redundanz der Datenhaltung. Die Klassen sind implizit an bestimmte Phasen im Lebenszyklus eines Informationsobjekts gebunden.

Ein typischer Lebenszyklus beginnt mit der Erstellung eines Informationsobjekts oder dessen Eintritt in das Unternehmen (etwa als

E-Mail oder Fax). Nach einer initialen Klassifizierung wird es dann in ein Informationssystem und damit auf ein Speichermedium transferiert, das den zu seiner Klasse definierten Anforderungen entspricht. In regelmäßigen Intervallen oder angestoßen durch bestimmte Ereignisse werden die Informationsobjekte erneut klassifiziert. Unter bestimmten Umständen, etwa wenn ein Informationsobjekt eine bestimmte Zeit nicht mehr editiert oder geöffnet wurde, kann dies seine Archivierung zur Folge haben. Damit geht in der Regel einher, dass es in ein anderes Informationssystem und somit auf ein anderes Speichermedium verschoben wird. Archivierte Informationsobjekte können zumeist nicht mehr verändert werden und weisen oft eine längere Zugriffszeit auf als aktive. Damit lassen sich Kosten sparen, Informationssysteme mit aktiven Informationen entlasten und auf große Datenmengen optimierte Retrieval-Methoden einsetzen. Der letzte Abschnitt im Lebenszyklus eines Informationsobjekts ist seine Vernichtung oder Löschung. Auch dafür muss das Informationsobjekt vorher in eine passende Klasse verschoben werden, um dann aus dem Informationssystem gelöscht oder zur Löschung freigegeben zu werden [Kaiser et al. 2008].

Um ILM unabhängig von den jeweiligen Informationssystemen (z. B. Dokumenten-, Enterprise-Content- oder Datenbankmanagementsystem) zu betreiben und Konfigurationen nicht redundant vornehmen zu müssen, ist es von entscheidender Bedeutung, die das ILM-Konzept betreffenden Komponenten aus den entsprechenden Informationssystemen herauszulösen und zu zentralisieren. Mithilfe geeigneter Schnittstellen steuert das ILM-System dann die Übergänge zwischen den einzelnen Phasen und Informationssystemen und beeinflusst die spezifischen Konfigurationsparameter für die einzelnen Informationsobjekte.

2 Relevanz von ILM für die Compliance

Zwar stand bei der Entwicklung von Information Lifecycle Management (ILM) die Kostenreduktion beim Daten- und Informationsmanagement im Vordergrund, doch werden durch dieses Konzept zahlreiche Compliance-Aspekte adressiert. Jedes Unternehmen operiert im Rahmen eines Regelwerks, das einerseits extern – etwa in Form von Gesetzen – definiert wird oder andererseits – etwa zur Erlangung von Zertifizierungen (z. B. der DIN-9000-Serie) – selbst auferlegt ist. Die Einhaltung dieses Regelwerks ist für Unternehmen insofern von entscheidender Bedeutung, als dass mit seinem Brechen heute in der Regel nicht nur straf- oder zivilrechtliche Konsequenzen, sondern auch ein großer Reputationsverlust verbunden sind.

In den vergangenen Jahren wurden die Compliance-Anforderungen für international operierende sowie insbesondere für an US-amerikanischen Börsen notierte Unternehmen durch die Einführung des Sarbanes-Oxley Act (SOX) und ähnlicher Gesetzesinitiativen in anderen Ländern nochmals deutlich erhöht. Revisionssicherheit und vollständige Buchungsprotokolle haben in diesem Kontext weiter an Bedeutung gewonnen. Mit der damit einhergehenden Implementierung der geforderten Kontrollen ist weiterhin ein hoher Aufwand verbunden.

Daten spielen im Kontext vom Compliance eine zentrale Rolle: Da Prüfer in der Regel bei prüfungsrelevanten Vorgängen nicht persönlich anwesend sein können, sind sie auf die Vollständigkeit und Richtigkeit der verfügbaren Unterlagen und Aufzeichnungen angewiesen. Um dies zu garantieren, gibt der Gesetzgeber Unternehmen eine Reihe von Vorgaben, wie mit in wichtigen Geschäftsvorgängen anfallenden Daten umzugehen ist.

3 ILM-Potenziale für verbesserte Compliance

3.1 Vorratsdatenspeicherung und Aufbewahrungsfristen

Von Gesetz wegen sind Unternehmen dazu verpflichtet, bestimmte Dokumente und Informationen für einen feststehenden Zeitraum aufzubewahren. Dies sind zunächst all die Dokumente, die in Rechtsgeschäften von Bedeutung sind, also Belege und Geschäftsbriefe, buchhalterische Unterlagen wie Grund-, Haupt- und Nebenbücher, Bilanzen und Inventar sowie alle Dokumente, die zum Verständnis Vorgenannter notwendig sind. In Deutschland sind die aufzubewahrenden Dokumente in §147 Abs. 1 der Abgabenordnung (AO) festgelegt. Des Weiteren können aus Gründen der Haftung weitere Dokumente, etwa Werbeunterlagen und insbesondere alle kommunizierten Informationen im Bereich der Investor Relations, von Bedeutung sein und müssen aufbewahrt werden. Es sollten folglich alle Versionen der entsprechenden Sektionen der Unternehmenswebsite genauso wie etwaiger E-Mail-Verkehr bezüglich dieser Themen archiviert werden, um zu einem späteren Zeitpunkt Nachweis über Investoren oder Analysten gegenüber gemachten Aussagen liefern zu können.

Für international operierende Unternehmen wird die Komplexität durch abweichende Regelungen in verschiedenen Ländern erhöht. Die Aufbewahrungsfristen schwanken erheblich, eine Rechnung muss etwa in den USA nur fünf, in China aber 15 Jahre aufbewahrt werden. Zwar könnte im Rahmen des ILM für alle Informationsobjekte einer Klasse in allen Ländern die jeweils längste Frist verwendet werden, dies ist indes gerade bei größeren Datenmengen suboptimal. Eine elegantere Lösung ist die aktive Steuerung des Lebenszyklus der Informationsobjekte, die auf entsprechende Informationen des Herkunftslandes zugreift und damit Informationsobjekte nur dann zur Löschung freigibt, wenn sie gemäß den jeweiligen Landesgesetzen nicht mehr aufbewahrt werden müssen.

In vielen Ländern ist es Unternehmen heute gestattet, mit wenigen Ausnahmen alle Dokumente in digitaler Form zu archivieren; originär digitale Dokumente müssen in Deutschland sogar in ihrer digitalen Form aufbewahrt werden. Da eine digitale Archivierung in vielen Fällen kostengünstiger und benutzerfreundlicher ist, haben sich digitale Archive in den meisten größeren Unternehmen etabliert. Dies ermöglicht, den Wirkungsbereich von ILM auf nahezu alle relevanten Daten auszudehnen und damit die Verwaltung von Aufbewahrungsfristen umfassend zu automatisieren. Konkret bedeutet dies eine Definition von Informationsklassen, die die nationale Zugehörigkeit und Art der Informationsobjekte sowie eben die entsprechenden Fristen berücksichtigen. Dank der zentralen Verwaltung der ILM-Konfiguration ist es so möglich, mit geringem Aufwand relevante Gesetzesänderungen umzusetzen oder die Expansion in neue Länder vorzubereiten. Im Idealfall bedeutet dies nur eine Neu-Instanziierung der Informationsklassen (z. B. »Rechnung«) mit Berücksichtigung des jeweiligen Ziellands und eben die Anpassung der zeitlichen Migrationsbedingungen, d.h., wann ein Informationsobjekt der jeweiligen Klasse archiviert oder gelöscht wird [Thome & Sollbach 2007].

3.2 Datenvernichtung

Unter bestimmten Umständen befinden sich Unternehmen in der Situation, Dokumente zwar für eine bestimmte Zeit aufbewahren zu müssen, danach aber unmittelbar und endgültig zu vernichten. Sie bewegen sich dabei in einem Spannungsfeld zwischen zwei Bereichen der Gesetzgebung: Einerseits wollen Regierungen die Privatsphäre ihrer Bürger dadurch schützen, dass sie die Sammlung von Daten durch private und öffentliche Organisationen einschränken. Die steigende Nutzung von persönlichen Informationen für den Zweck des Data Mining und der Kundenprofilierung wird zunehmen kritisch gesehen. Dies führte zur Verabschiedung von Gesetzen wie etwa dem Bundesdatenschutzgesetz (BDGS), das mit dem Gebot der Datensparsamkeit die Speicherung von Daten untersagt, die nicht aus strikt technischen oder buchhalterischen Gründen gespeichert werden müssen.

Andererseits gibt es seitens der Regierungen immer mehr Bestrebungen, von Privatorganisationen gesammelte Daten zur Strafverfolgung oder Terrorbekämpfung einzusetzen. In Deutschland sind diese Pflichten zur Datenerfassung durch Unternehmen mit dem Inkrafttreten des §113a des Telekommunikationsgesetzes (TKG), der sogenannten Vorratsdatenspeicherung, noch einmal deutlich ausgeweitet worden. Waren Telekommunikationsunternehmen also bisher noch verpflichtet, Kommunikationsdaten, die nicht für die Abrechnung nötig waren, aus Datenschutzgründen so schnell wie möglich zu löschen, müssen sie diese jetzt für mindestens sechs Monate speichern. Sollte allerdings die Verfassungsbeschwerde gegen die Vorratsdatenspeicherung Erfolg haben, so könnte schon bald wieder eine Änderung der rechtlichen Situation herbeigeführt werden. An diesem Beispiel wird deutlich, dass gerade im Datenmanagement die Flexibilität und Konfigurierbarkeit eines umfassenden ILM ein grundlegendes Potenzial zur Senkung der Kosten für die Umsetzung gesetzlicher Änderungen birgt. Die Zentralisierung und Vereinheitlichung der Konfigurationsdaten macht weiterhin eine Compliance-Prüfung der jeweiligen Informationssysteme deutlich einfacher.

3.3 Dokumentation der Änderungs- und Zugriffshistorie von Daten

Im Rahmen des Sarbanes-Oxley Act (SOX) und ähnlicher Gesetzgebungen hat die Prozessdokumentation an Bedeutung gewonnen. Die sogenannten Audit Trails dienen der strukturierten und vollständigen Nachvollziehbarkeit von Datenmanipulationen und Benutzeraktionen. Dies ist angesichts der Vielzahl von Informationssystemen, die ein Informationsobjekt während seines Lebenszyklus durchläuft, eine Herausforderung. Oft werden Zugriffs- und Änderungsinformationen nur in Fragmenten in einem Informationssystem erfasst. Die Informationen in den einzelnen Informationssystemen (etwa im Dokumentenmanagement- und später im Archivsystem) müssen konsolidiert, transformiert und auf Vollständigkeit geprüft werden.

Da ILM-Systeme mit allen speichernden Informationssystemen – also z. B. sowohl für Speicher- als auch Enterprise Content Management – kommunizieren, bieten sie die Möglichkeit, auch die Erstellung von Audit Trails zu automatisieren. Es können Zugriffe und Modifikationen protokolliert werden, die dann wiederum als Kriterien für die Klassenerstellung verwendet werden können. So werden z. B. Informationsobjekte, die über eine bestimmte Zeit nicht mehr verändert wurden, automatisch archiviert. Solche Zugriffs- und Änderungsprotokolle können genutzt werden, um komplexere Zugriffsmuster zu identifizieren als Basis für eine Optimierung der Speicherinfrastruktur. So ist bei vielen Informationsobjekten eine anfänglich starke Nutzung zu beobachten, die dann über einen längeren Zeitraum nachlässt, doch zu einem späteren Zeitpunkt in einer zweiten Phase sich wieder verstärkt (typisch z. B. am Anfang und Ende eines Vertragsverhältnisses) [Turczyk et al. 2005].

3.4 Revisionssicherheit

Ein weiterer Compliance-Aspekt im Kontext der Datenhaltung ist die Revisionssicherheit. Hierbei ist entscheidend, dass wichtige Daten im Nachhinein nicht mehr manipuliert oder überschrieben werden können. Gesetzlich ist dieses Gebot unter anderem im §146 AO geregelt, dort heißt es im Absatz 4: »Eine Buchung oder eine Aufzeichnung darf nicht in einer Weise verändert werden, dass der ursprüngliche Inhalt nicht mehr feststellbar ist. Auch solche Veränderungen dürfen nicht vorgenommen werden, deren Beschaffenheit es ungewiss lässt, ob sie ursprünglich oder erst später gemacht worden sind.« Weiterhin gelten die entsprechenden Regelungen in den Grundsätzen ordnungsmäßiger DV-gestützter Buchführungssysteme (GoBS) und im Handelsgesetzbuch (HGB).

Eine Herausforderung ist hier, eine entsprechende Revisionssicherheit nachhaltig und zuverlässig zu erreichen, da ein einfaches Zugriffskontrollsystem unter Umständen nicht ausreicht. Vielmehr sollte ein entsprechendes Speichersystem im besten Fall Änderungen schon prinzipbedingt nicht zulassen. Dies lässt sich beispielsweise mit Content-Addressable-Storage-(CAS-)Lösungen verwirklichen, die auf wiederbeschreibbaren Medien (z. B. Festplatten) die Merkmale von einmalig beschreibbaren Medien simulieren. Die Aufgabe eines ILM-Systems ist nun, die Informationsobjekte zu klassifizieren und bei Bedarf auf ein revisionssicheres Speichermedium zu migrieren. In Kombination mit der Protokollierung von Zugriffs- und Änderungshistorien ist ein Prüfer somit nach längerer Zeit in der Lage, sich ein lückenloses Bild von den Inhalten und der Entstehung eines Informationsobjekts zu machen.

3.5 Zugriffskontrolle

Als Teil der Retrieval- und Netzwerkmanagement-Infrastruktur (also z. B. des Enterprise Content Management (ECM) oder LDAP-Verzeichnisses) liegen Zugriffskontrollen in der Regel nicht im eigentlichen Fokus gängiger ILM-Lösungen. Allerdings gibt es einige Überschneidungen zwischen diesen Bereichen, die von Unternehmen konstruktiv genutzt werden können. Wie zuvor diskutiert, spielen Sicherheitsaspekte eine wichtige Rolle in der Definition der Informationsklassen. So können die Phasen der Klassendefinition und der Klassifizierung der Informationsobjekte bereits mit besonderer Berücksichtigung der Compliance-Anforderungen durchgeführt werden. In Verbindung mit einer zentralisierten Authentifizierungs- und Autorisierungsinfrastruktur (etwa einem Directory-Service) können die definierten Informationsklassen für ein granulares Zugriffskontrollsystem genutzt werden.

Zugriffsrechte werden derzeit häufig in jedem Informationssystem einzeln verwaltet. Folglich müssen beispielsweise die Rechte zwischen einem ECM-System und einem Archivsystem entweder konvertiert oder redundant konfiguriert werden. Ein Nachteil dieses Vorgehens ist neben dem hohen Aufwand auch die Schwierigkeit, die Konfigurationen über alle Informationssysteme konsistent zu halten. Eine Erweiterung des ILM-Konzepts kann hier Abhilfe schaffen. Da ILM eine direkte Referenzierung der einzelnen Informationsobjekte (etwa über eine am Anfang des Lebenszyklus vergebene eindeutige Identifikation) erfordert, ist es möglich, lebenszyklusweite Konfigurationsdaten – also auch die Zugriffsrechte – zentral innerhalb einer dem ILM-System angegliederten Datenbank abzulegen [Kent 2004]. Ein schon vereinheitlichtes Authentifizierungsmanagement kann damit um eine zentrale Autorisierungsverwaltung ergänzt werden.

3.6 Datensicherheit und Business Continuity

Ein letzter durch ILM adressierter Aspekt der Compliance ist die Datensicherheit und Business Continuity. Eine mindestens ebenso hohe Bedeutung wie den Aufbewahrungsfristen und der Revisionssicherheit im Fall einer Prüfung wird der Gewährleistung einer angemessenen Datensicherheit zuerkannt. Die Datensicherheit ist immer in einem Kontinuum zwischen einer einfachen einmaligen Speicherung auf einem flüchtigen Medium und der (theoretisch) absoluten Datensicherheit, d.h. dem Ausschluss eines Datenverlusts, angesiedelt. Zwar ist Letzteres praktisch nicht erreichbar, es ist aber möglich, sich diesem Ziel möglichst stark anzunähern. Dies ist jedoch mit hohen Kosten verbunden, weshalb eine genaue Prüfung der Datensicherheitsanforderungen für jede Informationsklasse notwendig ist.

Im Rahmen der Steigerung der Datensicherheit gibt es zwei grundsätzliche Ansatzpunkte: Erstens kann das Medium, auf dem die Daten gespeichert werden, sowie dessen Umfeld auf eine hohe Datensicherheit optimiert werden. Zweitens kann durch eine redundante Datenhaltung das Risiko eines Datenverlusts durch eine Zerstörung oder Überschreibung des Mediums minimiert werden. Redundante Medien zeichnen sich durch eine hohe Diversität aus, d. h., es sind unterschiedliche (aber ähnlich lange haltbare) Speichertechnologien, die an möglichst weit voneinander entfernten Orten eingesetzt werden, die nur mit sehr geringer Wahrscheinlichkeit gleichen Gefahren – beispielsweise Naturkatastrophen – ausgesetzt sind.

Ein in der Praxis oft vernachlässigtes Risiko ist die begrenzte Lebenszeit von Speichermedien. Je nach Medientyp kann diese stark differieren: Festplatten haben in der Regel eine deutlich kürzere Lebenszeit als Magnetbänder, die aber für die intensive Nutzung von Daten zu langsam sind. Die Lebenszeit der meisten Medien beträgt nur in seltenen Fällen zuverlässig die in Deutschland übliche Aufbewahrungsfrist von zehn Jahren. Folglich müssen Informationsobjekte während ihrer Aufbewahrungsfrist zumindest einmal von ihrem Ursprungsmedium auf ein neues Medium migriert werden. ILM kann zum Erfüllen der oben beschriebenen Anforderungen genutzt werden. Auch hier kann auf die definierten Informationsklassen zurückgegriffen werden. Diesen werden bestimmte Zuverlässigkeits- und Redundanzziele zugewiesen, nach denen die letztlich verwendeten Medien ausgewählt werden können.

Die Redundanz spielt auch in der Planung der Business Continuity eine wichtige Rolle. Dabei wird aber nicht der Ausfall eines einzelnen Geräts oder eines Mediums betrachtet, sondern die Wiederaufnahme des Geschäftsbetriebs nach einer desaströsen Störung (beispielsweise durch Feuer, Überschwemmungen, Erdbeben). Durch umsichtige Planung kann die Zeit, die nach einem solchen Zwischenfall bis zur Rückkehr zu einem – wenn auch eingeschränkten – Geschäftsbetrieb vergeht, stark reduziert werden. Voraussetzungen dafür sind eine Minimierung des Datenverlusts sowie ein schneller Zugriff auf geschäftskritische Daten. Geeignete Maßnahmen reichen von Online-off-Site-Backups bis hin zu kompletten Spiegelrechenzentren, die die Funktion des Primärrechenzentrums ohne Unterbrechung übernehmen können [Gerlach 2002]. Gerade bei einer nur unvollständigen Spiegelung können Informationsklassen zur Unterscheidung geschäftskritischer von weniger wichtigen Daten dienen.

4 Entwurf einer ILM-Architektur zur Umsetzung der Compliance

Wie dargelegt, weist das Information Lifecycle Management (ILM) grundsätzlich das Potenzial auf, die Compliance von Informationssystemen nachhaltig zu steigern. Ein zentraler Ansatzpunkt für diese Verbesserungen ist die Zentralisierung von Compliance-relevanten Konfigurationsdaten und deren Überwachung. Derzeit ist es zwar üblich, Benutzerinformationen zentral abzulegen (z. B. in einem Verzeichnisdienst), Zugriffsrechte werden allerdings dezentral in den einzelnen Informationssystemen verwaltet. Gleiches gilt für Parameter bezüglich der Datensicherheit, Revisionssicherheit, Audit Trails und Aufbewahrungsfristen. Die Heterogenität der involvierten Informationssysteme macht es fehleranfällig und aufwendig, während des ganzen Lebenszyklus kohärente Policies durchzusetzen.

ILM-Systeme ermöglichen Unternehmen, Compliance-relevante Regelwerke an einem zentralen Ort zusammenzuführen und zu vereinheitlichen. Die eigentlichen Enterprise-Content- und Speichermanagementsysteme greifen in ihren Prozessen auf die ILM-Systeme zu, um dort die notwendigen Konfigurationsdaten bzgl. der Zugriffsrechte und der Datensicherheit abzufragen. Das ILM-System selbst steuert aktiv den

Lebenszyklus einzelner Informationsobjekte auf Grundlage der hinterlegten Klassifizierungen. Es migriert die Daten zu gegebenem Zeitpunkt von einem Informationssystem zum nächsten und stellt dabei sicher, dass Aufbewahrungsfristen und zutreffende Datenschutzbestimmungen eingehalten werden (vgl. Abb. 2).

Voraussetzung für den beschriebenen Einsatz von ILM-Systemen ist zum einen, dass diese Systeme die Informationssysteme entlang des Lebenszyklus der Informationsobjekte im notwendigen Umfang konfigurieren und steuern können. Zum anderen müssen die verschiedenen Informationssysteme die Einbindung von externen Konfigurationsdaten unterstützen. Notwendig ist des Weiteren auch eine eindeutige Identifizierung einzelner Informationsobjekte über die Grenzen der Informationssysteme hinweg. Sämtliche Anforderungen erfordern einen hohen Standardisierungsgrad der Schnittstellen, der bisher – wenn überhaupt – nur innerhalb der Produktportfolios einzelner Hersteller, nicht jedoch herstellerübergreifend zu finden ist.

So gehören beispielsweise die in großer Anzahl anfallenden Kreditanträge zum täglichen Geschäft von Banken. Sie unterliegen Aufbewahrungsfristen und sind als rechtlich relevante Dokumente besonders schutzbedürftig. Ein ILM-System ermöglicht in diesem Beispiel, dass der Kreditantrag beim Eingang in die Informationssysteme der Bank (etwa an einem Dokumentenscanner) erkannt wird und ihm ein eindeutiges Identifikationsmerkmal sowie Konfigurationsdaten zugeordnet werden. Sowohl das Dokumentenmanagement- als auch das Archivsystem greifen auf diese zentral gespeicherten Konfigurationsdaten zu und passen entsprechend Zugriffsrechte sowie Konfigurationen für Redundanz und Revisionssicherheit für dieses Informationsobjekt an. Durch wiederholte Neuklassifizierung können so auch Übergänge zwischen den einzelnen Informationssystemen ausgelöst und schließlich das Informationsobjekt nach Ablauf aller Aufbewahrungsfristen gelöscht werden.

Es ist zu erwarten, dass sich die Industrie Technologien, wie sie im Rahmen serviceorien-

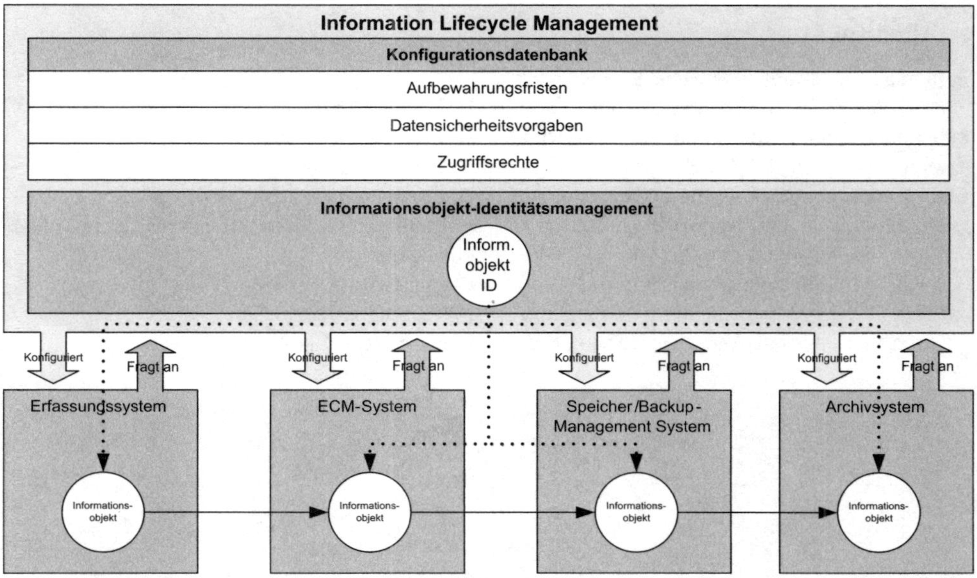

Abb. 2: ILM als zentrale Steuerungsinstanz von Compliance-Prozessen

tierter Architekturen eingesetzt werden (z. B. das Simple Object Access Protocol (SOAP) oder Representational State Transfer (REST) Web Services), zunutze macht, um die Standardisierung weiter voranzutreiben. Konkret bedeutet dies, dass Schnittstellen für die Kommunikation mit ILM-Systemen etwa in Form von geeigneten Web-Service-Description-Language-(WSDL)-Beschreibungen definiert werden müssen. Sowohl ECM- als auch Speichermanagementsysteme nutzen dann diese Schnittstellen entweder direkt oder durch Intermediäre wie Enterprise-Service-Busse, um neue Informationsobjekte im ILM-System zu registrieren, die Klassifizierung zu unterstützen und Konfigurationsdaten abzufragen.

Mit ILM steht das Management von Informationsobjekten vor einem erheblichen Wandel. Daten werden nicht mehr als homogen betrachtet, sondern es werden semantische Aspekte und insbesondere der Wert der einzelnen Informationsobjekte für das Unternehmen in das Datenmanagement einbezogen, um damit sowohl eine höhere Kosteneffizienz also auch eine verbesserte Compliance zu erreichen.

5 Literatur

[Born et al. 2004] *Born, S.; Ehmann, S.; Hintemann, R.; Kastenmüller, S.; Schaupp, D.; Stahl, H.-W.:* Leitfaden zum Thema »Information Lifecycle Management«, BITKOM, Berlin, 2004.

[Gerlach 2002] *Gerlach, K.-P.:* The Role of States and of International and National Organisations as Super-Risk Managers. In: Naujoks, U.; Wieczorek, M.; Bartlett, R. (Hrsg.): Business Continuity: IT Risk Management for International Corporations. Springer-Verlag, Heidelberg, 2002, S. 32-63.

[Kaiser et al. 2008] *Kaiser, M.; Smolnik, S.; Riempp, G.:* Konzeption eines Information-Lifecycle-Management-Frameworks im Dokumenten-Management-Kontext. In: Bichler, M.; Hess, T.; Krcmar, H.; Lechner, U.; Matthes, F.; Picot, A.; Speitkamp, B.; Wolf, P. (Hrsg.): Multikonferenz Wirtschaftsinformatik 2008, GITO-Verlag, Berlin, 2008, CD-ROM/online.

[Kent 2004] *Kent, C.:* Securing Email: Best Practices in ILM Security. SNIA, San Francisco, Kalifornien, USA, 2004.

[Peterson & St. Pierre 2004] *Peterson, M.; St. Pierre, E.:* Information Lifecycle Management Roadmap. SNIA, San Francisco, Kalifornien, USA, 2004.

[Thome & Sollbach 2007] *Thome, G.; Sollbach, W.:* Grundlagen und Modelle des Information Lifecycle Management. Springer-Verlag, Heidelberg, 2007.

[Turczyk et al. 2005] *Turczyk, L. A.; Gostner, R.; Berbner, R.; Heckmann, O.; Steinmetz, R.:* Analyse von Datei-Zugriffen zur Potentialermittlung für Information Lifecycle Management. KOM Technical Report 01/2005, TU Darmstadt, Darmstadt, 2005.

Dipl.-Kfm. Michael G. Kaiser
Prof. Dr. Stefan Smolnik
Prof. Dr. Gerold Riempp
European Business School (EBS)
Institute of Research on Information Systems (IRIS)
Rheingaustr. 1
65375 Oestrich-Winkel
{Michael.Kaiser, Stefan.Smolnik,
Gerold.Riempp}@ebs.edu
www.ebs.edu/iris

Stefan Sackmann

Automatisierung von Compliance

Automatisierung von Compliance erfordert einen methodischen Ansatz, der über IT-gestützte Zugriffskontrollen, Archivierung- und Reporting-Lösungen hinausgeht. In diesem Beitrag wird ein Ebenenmodell vorgestellt, das zur Überführung von Gesetzestexten in IT-Systeme dienen kann und die nicht technische Sicht auf Compliance mit der technischen Sicht vereint. Als »Brücke« werden hierfür Policies, wie sie aus der IT-Sicherheit bekannt sind, vorgeschlagen. Es werden der präventive und reaktive Ansatz (Compliance »by design« versus Compliance »by detection«) einander gegenübergestellt und der Frage nachgegangen, wie sich deren Automatisierung auf die Flexibilität von Geschäftsprozessen auswirken kann.

Inhaltsübersicht

1 Wider dem Stückwerk

Handfeste Wirtschaftsskandale haben weltweit zu einer Vielzahl neuer Gesetze geführt. Jüngere Ereignisse, wie beispielsweise die Subprime-Krise, lassen ein Ende des steigenden regulatorischen Drucks in absehbarer Zeit kaum erwarten. Der Anspruch, wirtschaftliches Handeln mit herrschenden Normen in Einklang zu bringen, ist allerdings kein neues Thema – das Handelsgesetzbuch (HGB) ist beispielsweise seit mehr als hundert Jahren in Kraft. Neue regulatorische Anforderungen, z. B. aus dem Sarbanes-Oxley Act (SOX), sind mehr als alter Wein in neuen Schläuchen: Sie erfordern von Unternehmen eine Validierung, dass die Vorschriften tatsächlich eingehalten werden.

Empirische Studien zeigen, dass eine große Mehrheit von Unternehmen ihre »Compliance« inzwischen für mehrere Regularien gleichzeitig validieren müssen [Hurley 2005, S. 7]. Sie zeigen auch, dass für die an sich unproduktive Tätigkeit erhebliche Ressourcen aufgewendet werden müssen. Der Nachweis von Compliance im Bereich IT-Sicherheit braucht durchschnittlich 34 % des IT-Budgets auf und geht zulasten anderer (produktiver) IT-Projekte. Teilweise sind solche Ausgaben sogar kontraproduktiv, wenn beispielsweise als Folge die Einführung von wichtigen Sicherheitstechnologien verschoben wird.

Um die knappen Ressourcen produktiv nutzen zu können, bietet eine Automatisierung der Compliance-Aktivitäten ein hohes Potenzial, das von Unternehmen bisher nur begrenzt genutzt wird. So setzen lediglich 5 % der Unternehmen überwiegend automatisierte Methoden zum Compliance-Nachweis ein, 68 % erstellen einen solchen manuell mit IT-Unterstützung und 27 % sogar ohne IT-Unterstützung [Hurley 2005, S. 5]. In der Praxis werden hierfür i.d.R. zunächst Werkzeuge eingeführt, die vorrangig manuelle Tätigkeiten unterstützen, wie rollenbasiertes Zugriffsmanagement, Dokumentenmanagementsysteme oder automatisiertes Reporting. So werden zentrale Compliance-Erfordernisse, wie z. B. die Einhaltung der im SOX geforderten »Segregation of Duty«, adressiert und meist durch »hardcoded checks« in Standardsoftware integriert [Sadiq et al. 2007, S. 150].

Zweifelsohne kann mit dem Einsatz von IT die Einhaltung von bestimmten Regeln und die Durchführung von Kontrollen effizienter erreicht werden. In Anbetracht der Vielzahl von Regularien und der damit inhärent verbundenen ständigen Veränderungen, Redundanzen und Inkonsistenzen der einzelnen Anforderungen steigt die Komplexität einer Validierung der Einhaltung jedoch erheblich. Die zunehmend notwendige flexible Gestaltung von Geschäftsprozessen und IT-Architekturen erhöht die Komplexität zusätzlich und es zeigt sich, dass ein »wilder Technologieeinsatz«, der nicht auf einer strukturierten Vorgehensweise und Methodik basiert, schnell zum Nachteil gereicht [Cannon & Byers 2006].

Der erreichte Automatisierungsgrad von Geschäftsprozessen verleitet oftmals zur Annahme, dass nach dem Setzen von Zielen, der Allokation von Budgets und dem Formulieren von Selbstverpflichtungen die IT und die Verantwortlichen den »Rest« schon erledigen. Damit diese Vorstellung irgendwann mit der tatsächlichen Situation übereinstimmt, braucht es in der Informatik und Wirtschaftsinformatik jedoch mehr als kosmetische Erweiterungen bestehender Werkzeuge. Vielmehr sind technische Durchbrüche und ein allgemeiner Ansatz erforderlich, der im Wesentlichen folgende Punkte erfüllt:

- *Berücksichtigung einer Vielzahl regulatorischer Anforderungen zur gleichen Zeit.* Da die Ursache der Anforderungen technisch irrelevant ist, muss eine strukturierte Vorgehensweise und Methodik ermöglichen, die Einhaltung von akzeptierten Standards (z. B. ISO/IEC 27000), Geschäftsverträgen mit anderen Unternehmen (z. B. Non-Disclosure-Agreement) oder unternehmensinterne Governance-Richtlinien zu adressieren. Erst dadurch können redundante Kontrollen vermieden, schnell auf Änderungen in den Anforderungen unternehmensweit reagiert und Anpassungen von Geschäftsprozessen bezüglich ihrer Compliance unmittelbar bewertet werden.
- *Informationen über den tatsächlichen Compliance-Status müssen zeitnah zur Verfügung stehen.* Aktuelle Studien zeigen, dass Compliance-Ziele durch eine Verkürzung der Audit-Perioden und ein kontinuierliches Monitoring deutlich besser erreicht werden können, indem »Fehlentwicklungen« möglichst früh erkannt und diesen direkt durch eine schnelle Reaktion entgegengewirkt werden kann [Liebenau & Kärrberg 2006].
- *Offenheit für flexible, kontextspezifisch anpassbare Geschäftsprozesse und technische Entwicklungen* wie beispielsweise die anstehende »Service«-Orientierung mit dynamischer Einbindung von Diensten und Geschäftspartnern. Ein allgemeiner Automatisierungsansatz für Compliance muss derartige Erfordernisse schnell integrieren können und darf diese nicht als »Innovationsbremse« behindern.

Eine Anbindung der automatisierten Validierung von Compliance an die Geschäftsprozesse ist damit unumgänglich [Cannon & Byers 2006]. Aktuell wird eine solche durch den Aufbau von sogenannten »Compliance Repositories« vorgenommen, wie sie für Geschäftsprozesse und Workflows z. B. von [Sadiq et al. 2007] vorgeschlagen werden. Solche Ansätze sind jedoch nur als Zwischenschritt zu verstehen.

2 Vom Gesetzestext zum IT-System

Ein allgemeiner Ansatz für die Automatisierung von Compliance erfordert für die Überführung von regulatorischen Anforderungen in IT-Systeme eine methodische Vorgehensweise. Da eine unmittelbare Überführung weder absehbar noch wirtschaftlich sinnvoll ist, wird im Folgenden ein Ebenenmodell vorgestellt (vgl. Abb. 1), das die technische und nicht technische Sicht auf Compliance vereint und eine Einordnung bestehender Automatisierungsansätze ermöglicht [Sackmann & Kähmer 2008].

Unabhängig von den konkreten Regularien werden, mit Blick auf die IT, Anforderungen an Informationssicherheit, interne Kontrollsysteme, Policies, Prozesse sowie Dokumentationserhaltung und -zugriff gestellt. Im ersten Schritt einer Automatisierung sind daher die in textueller Form beschriebenen Regularien zu interpretieren und in Compliance-Anforderungen zu überführen. Dieser Schritt ist bisher und wohl auch in absehbarer Zukunft kaum automatisierbar. Er erfordert rechtliche sowie domänenspezifische Fachkenntnisse, wie sie Gegenstand einer Vielzahl von Best-Practice-Frameworks wie z. B. CobiT oder ITIL sind. Die Vollständigkeit und Korrektheit der Überführung bestimmt letztendlich, für welche Teile der übergeordneten Regularien eine Validierung im Rahmen eines allgemeinen Ansatzes automatisierbar ist und für welche darüber hinaus zusätzliche Kontrollen erforderlich werden.

In einem zweiten Schritt sind die Compliance-Anforderungen in eine formale Form zu überführen. Nur dann können sie auf der Ebene des IT-Systems interpretiert und entschieden werden. Zur formalen Spezifizierung bieten sich insbesondere Policy-Sprachen an, wie sie für das Management von Sicherheit und Privacy entwickelt wurden. Mit diesen ist es möglich, anhand von formalen Regeln zu spezifizieren, welche Aktionen und Zustände erlaubt (z. B. »X darf Daten löschen«), verboten (z. B. »X darf nicht auf geheime Daten zugreifen«) und verpflichtend sind (z. B. »Datenbank muss jeden Tag gesichert werden«). Policies sind damit geeignet, eine

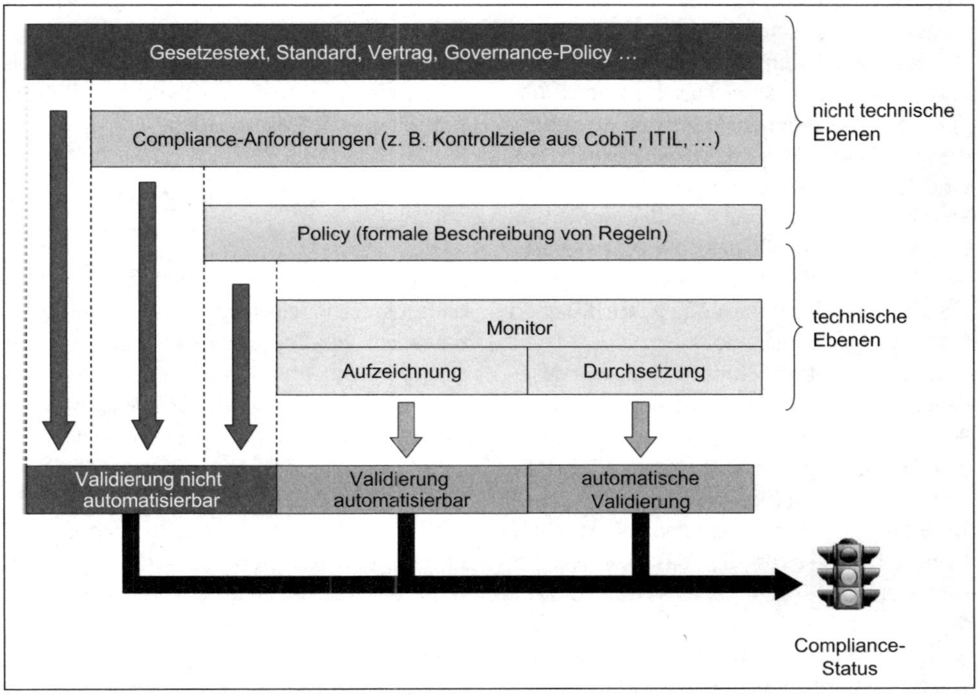

Abb. 1: Vorgehensweise und Ebenenmodell zur Automatisierung von Compliance

»Brückenfunktion« zwischen den nicht technischen und technischen Ebenen einzunehmen.

Auch bei diesem Schritt bestimmen die Vollständigkeit und Korrektheit der Überführung, für welche der Compliance-Anforderungen eine Validierung prinzipiell automatisierbar ist und für welche darüber hinaus zusätzliche (manuelle) Kontrollen erforderlich werden. Die Eigenschaften der Policy-Sprache sind somit der Schlüssel zur Automatisierung von Compliance, da sie anhand ihrer Ausdrucksmächtigkeit und Modularität den maximal erreichbaren Automatisierungsgrad bestimmen. Eine geeignete Policy-Sprache sollte jedoch auch ermöglichen, auf unvorhergesehene Ereignisse flexibel reagieren zu können. Hierfür müssen Ausnahmen und Eskalationsprozesse beschrieben und diese mit Sanktionen verbunden werden können, damit die Ausnahmen nicht zur Regel werden. Des Weiteren sollten die Policies berechenbar sein, um aus unterschiedlichen Compliance-Anforderungen entstehende Redundanzen, Inkonsistenzen oder Widersprüche auf dieser Ebene erkennen und ggf. beheben zu können. Ansonsten werden Zustände möglich, die für das IT-System nicht entscheidbar sind. Bisher vorgeschlagene Policy-Sprachen erfüllen diese Anforderungen nicht ausnahmslos, daher wurde die Policy-Sprache ExPDT entwickelt und deren Anwendbarkeit für die Automatisierung von Compliance diskutiert [Sackmann & Kähmer 2008].

In einem dritten Schritt ist im zugrunde liegenden IT-System die Einhaltung der Policy-Regeln zu gewährleisten. Hierfür werden, basierend auf dem von Schneider vorgestellten Prinzip des »Execution Monitor« [Schneider 2006], Monitore im IT-System implementiert. Diese Monitore sorgen dafür, dass sogenannte »enforceable« Regeln bereits zur Laufzeit durchgesetzt werden. Diese Regeln sind gewöhnlich als Verbote formuliert und werden, z. B. zur Gewährleistung einer »Segregation of Duty«, durch Zugangskontrollmechanismen durchgesetzt. Das Erreichen eines Zustandes, der Compliance-Anforderungen verletzen würde, wird somit »by design« unmöglich.

Andere Regeln, die nicht zur Laufzeit durchgesetzt werden können, sind sogenannte »observable«, d.h. beobachtbare Regeln. Diese sind i.d.R. als Obligationen formuliert, wie z. B. »Datensatz X muss bis zum 31.12.2008 gelöscht werden«. Ein Verstoß kann ex ante nicht verhindert, sondern nur nachträglich »by detection« erkannt werden. Auf der Ebene des IT-Systems erfordern solche Regeln zumindest Mechanismen für ein sicheres und vollständiges Logging und die Erzeugung von Evidenzen [Sackmann et al. 2006]. Solche Mechanismen können, wie Erfahrungen aus dem Netzwerk- und IT-Systemmanagement zeigen, auf der Ebene der Hardware, des Betriebssystems, der Middleware oder auch in Anwendungen selbst realisiert werden. Die Vollständigkeit und Korrektheit der Implementierung bestimmt dann, welche der Policy-Regeln automatisiert erzwungen werden können, für welche eine Validierung automatisierbar ist und für welche darüber hinaus (beispielsweise in verteilten Systemen) zusätzliche Kontrollen erforderlich werden.

3 Ansätze zur Erreichung von Compliance

Die Automatisierung von Compliance ist jedoch keine rein technische Fragestellung. Die Spezifizierbarkeit von Compliance-Anforderungen in einer für Computer verarbeitbaren Form und die Implementierung entsprechender Werkzeuge im IT-System sind lediglich eine notwendige Voraussetzung. Während diese »Pflicht« prinzipiell für viele Unternehmen identisch erfüllt werden kann, stellt die unternehmensspezifisch optimale Formulierung der Regeln die »Kür« dar. Hierbei ist eine enge Verzahnung zwischen Compliance-, Risiko- und Geschäftsprozessmanagement unumgänglich, da bei einer rigiden, technisch erzwungenen Einhaltung von Policy-Regeln die Fähigkeit verloren gehen kann, Geschäftsprozesse (und deren Instanzen) schnell an spezifische Kontextbedingungen anzupassen. Mit diesem Problem eng verbunden ist die Frage, welche Herangehensweise bei der Automatisierung von Compliance und damit der Spezifizierung von Policy-Regeln verfolgt werden soll: Compliance »by design« oder Compliance »by detection«.

3.1 Automatische Validierung – Compliance »by design«

Compliance »by design« charakterisiert einen präventiven Ansatz, der auf das zukünftige Erreichen von Compliance ausgerichtet ist und auf die Erzwingung eines gewünschten Verhaltens bzw. die Verhinderung unerwünschten Verhaltens abzielt [Sadiq et al. 2007]. Der Ansatz entspricht einem top-down gerichteten, analytischen Ansatz und setzt voraus, dass alle zu erfüllenden regulatorischen Anforderungen bis auf die tiefste Systemebene verfeinert und umgesetzt werden können: Wenn kein verletzendes Ereignis innerhalb des Systems möglich ist, wird ein Verstoß technisch unmöglich und somit eine Validierung überflüssig.

Ein solcher Ansatz erfordert daher ex ante, alle (!) möglichen Aktivitäten und Zustände, auch »spezielle« Geschäftsvorfälle und unerwartete Ausnahmen, zu kennen. Jeder dieser Zustände muss dann mithilfe von Regeln dahingehend bewertet werden, ob dieser Compliance-Anforderungen verletzt oder nicht. Da dies im Normalfall nur teilweise möglich ist, kann ein reiner »by design«-Ansatz praktisch nicht umgesetzt werden. Dennoch kann die Verfolgung eines solchen Ansatzes sinnvoll sein, da er es partiell erlaubt, den Zustandsraum zu verringern und somit die Komplexität bei der Validierung von Compliance erheblich zu reduzieren. Hierbei bieten sich zwei komplementär verfolgbare Strategien an:

1) Es wird ein Teil derjenigen Aktivitäten und Zustände spezifiziert, die als nicht »compliant« angesehen werden und daher nicht zugelassen werden dürfen. So lassen sich zwar nicht alle Verstöße ausschließen, jedoch die Menge der möglichen Verstöße reduzieren. Ein Vorteil bei dieser Vorgehensweise ist, dass sie Handlungsfreiheiten und Flexibilität erlaubt, da außer den verhinderten Aktivitäten und Zuständen alle anderen (auch bisher unbekannten) möglich bleiben. Beispiele für technische Ansätze, die als »non-compliant« eingestufte Transaktionen terminieren, sind sogenannte »Workflow Authorization Constraints« oder »Temporal Database Constraints«, wie sie beispielsweise in [Agrawal et al. 2006, S. 5] beschrieben sind. Allerdings ist alleine dadurch, dass eine Regelverletzung nicht stattgefunden haben kann, der Nachweis für Compliance nur schwer zu erbringen. Da ein funktionierendes Schloss an einer Tür noch kein Nachweis dafür ist, dass niemand in dem dahinter liegenden Raum eingedrungen ist, sind für eine Validierung inhärent zusätzliche Kontrollen im Sinne eines »by detection«-Ansatzes erforderlich.
2) Es wird ein Teil derjenigen Aktivitäten und Zustände spezifiziert, die »compliant« sind. Eine automatisierte Validierung von Compliance ist dann durch den Nachweis möglich, dass die tatsächlichen Aktivitäten und Zustände von den spezifizierten nicht abgewichen sind. Voraussetzung ist jedoch hierbei, dass die Umsetzung der Regeln im IT-System korrekt und vollständig erfolgt und die eingesetzten Mechanismen sicher und ohne Möglichkeit einer Umgehung implementiert sind. Befürworter eines solchen »by design«-Ansatzes sind beispielsweise [Sadiq et al. 2007] oder [Agrawal et al. 2006], die eine Menge an bereits als »compliant« eingestufter Workflows annehmen und überprüfen, inwieweit die tatsächlichen Ausführungen mit diesen übereinstimmen. Festgestellte Abweichungen sind dann noch keine Evidenz für einen Verstoß und erfordern ebenfalls zusätzliche Kontrollen im Sinne eines »by detection«-Ansatzes.

Der derzeit wohl konsequenteste Versuch eines solchen »by design«-Ansatzes (und die damit verbundenen Probleme) findet sich im Digital Rights Management der Musik- und Filmindustrie. Ausgehend von einer nicht vereinbarungsgemäßen Nutzung der angebotenen Inhalte durch den Kunden, wird versucht, ein erwünschtes und als »compliant« angesehenes Verhalten technisch zu erzwingen. Auf Seite der Kunden wird dies wegen der fehlenden Flexibilität oft als Gängelung empfunden und abgelehnt. Bei unvollständiger Implementierung der technischen Mechanismen kann es passieren, dass selbst die eigentlich erwünschte Nutzung unmöglich wird. So wird beispielsweise durch die angekündigte Abschaltung des Dienstes »Playsforsure« von Microsoft die Nutzung von erworbenen Rechten für das Abspielen von Musikdateien aufgrund des rigiden Mechanismus unwirksam werden [Lischka 2008].

3.2 Automatisierbare Validierung – Compliance »by detection«

Compliance »by detection« ist ein retrospektiver Ansatz, der auf einer vollständigen und korrekten Aufzeichnung von tatsächlichen Aktivitäten und Zuständen basiert. Ex post wird ein Audit durchgeführt, d.h. die tatsächlichen Ereignisse mit den vorgegebenen Compliance-Anforderungen verglichen. Eine automatisierte Validierung erfordert vom zugrunde liegenden IT-System die Bereitstellung adäquater Log-Files und Reports. Dies wiederum setzt sowohl eine maschinenlesbare Beschreibung aller Ereignisse, die aufgezeichnet werden müssen, als auch Mechanismen voraus, die eine vollständige, korrekte und integre Aufzeichnung gewährleisten [Sackmann et al. 2006]. Darüber hinaus ist ein integriertes, unternehmensweit einheitliches Datenmodell erforderlich, wie es beispielsweise im Kontext von automatisiertem Reporting oder von Ontologien diskutiert wird.

Im Gegensatz zum präventiven »Compliance by design«-Ansatz erfordert eine automatisierte Validierung keine Ex-ante-Kenntnis aller möglichen Aktivitäten und Zustände. Da ein Ex-post-Ansatz keine Möglichkeit der Prävention bietet, werden Handlungsaktivitäten in keiner Form beschränkt. Ein »Compliance by detection«-Ansatz bietet somit einen größtmöglichen Handlungsspielraum und maximale Flexibilität, z. B. bei der Anpassung von Geschäftsprozessen auf unvorhergesehene Ereignisse. Allerdings ist diese Flexibilität inhärent mit der permanenten Möglichkeit zur Verletzung von Compliance-Anforderungen verbunden: Unerwünschte Aktivitäten oder Zustände können nicht verhindert werden und stellen somit ein inhärentes Risiko dar. Die technische Herausforderung besteht damit in der Bereitstellung von Werkzeugen zur automatisierten Erkennung von Verstößen, sodass sowohl gesetzte Anreize glaubhaft werden als auch auf Verletzungen von Compliance-Anforderungen möglichst schnell reagiert und ggf. gegengesteuert werden kann. Hierfür können bedingt technische Mechanismen eingesetzt werden, die beispielsweise eine Unterbrechung des aktuellen Prozesses herbeiführen, einen früheren, regelkonformen Zustand wiederherstellen (Rollback) oder weitere Prozesse starten, deren Aufgabe die automatische Beseitigung der für die Regelverletzung verantwortlichen Bedingungen im IT-System ist (Recover).

Darüber hinaus können beispielsweise Compliance-Verantwortliche über einen Verstoß automatisch informiert werden. Die Wirksamkeit solcher nicht technischen Mechanismen ist dann eine Frage der Gestaltung von Anreizen, z. B. in Form von Strafen oder Belohnungen, wie sie in der neuen Institutionenökonomik diskutiert werden (siehe z. B. [Richter & Furubotn 2003]).

3.3 Compliance »by design« versus Compliance »by detection«

Ein allgemeiner Ansatz zur Automatisierung von Compliance wird beide Ansätze integrieren müssen und sowohl für die Durchsetzung als auch für die Aufzeichnung adäquate Mechanismen im IT-System zur Verfügung stellen. Auf den ersten Blick erscheint es wünschenswert, für die Automatisierung von Compliance die Einhaltung möglichst aller Regeln technisch durchzusetzen und den Anteil der ex post zu überprüfenden Aktivitäten zu minimieren. Mit der Verfügbarkeit technischer Mechanismen, die eine automatisierte Durchsetzung von Regeln gewährleisten, sinkt mit jeder durchgesetzten Regeleinhaltung das Risiko, in einen »non-compliant« Status zu geraten. Dies mag aus einer isolierten Compliance-Sicht wünschenswert und optimal sein, aus Sicht des Geschäftsprozessmanagements jedoch zu unerwünschten Effekten führen. Mit einer rigiden Erzwingung von bestimmten Aktivitäten und Zuständen wird unter Umständen eine gebotene Reaktion auf unvorhergesehene Ereignisse oder eine flexible Anpassung im Geschäftsprozess an einen veränderten Kontext unmöglich gemacht.

Bei der Wahl des zu verfolgenden Ansatzes zur Automatisierung von Compliance gilt es daher, die Risiken einer »Non-Compliance« gegen die Risiken aus operativer Sicht abzuwägen. Dies erfordert betriebswirtschaftlich eine geeignete Methode, sowohl die Folgen einer Compliance-Verletzung als auch die Auswirkung von Regeln auf den operativen Prozess bewerten zu können. Prinzipiell kann hierfür auf das Risikomanagement und die dort bewährten Methoden zur Bewertung von Steuerungsmaßnahmen zurückgegriffen werden. Jedoch lassen aktuelle Forschungsergebnisse bezüglich der Risikobewertung von technischen Sicherheitsmaßnahmen [Prokein 2008] oder der prozessorientierten Bewertung von IT-Risiken [Sackmann 2008] erwarten, dass diesbezüglich auch betriebswirtschaftlich ein Durchbruch erforderlich ist. Es zeigt sich, dass – insbesondere für Unternehmen mit hohem Vernetzungsgrad oder einer umfangreichen IT-Unterstützung von Geschäftsprozessen – für das anstehende Bewertungsproblem bisher weder eine geeignete Methode noch eine adäquate Datenbasis zur Verfügung stehen.

4 Automatisierung von Compliance – Prozess der kleinen Schritte

Auch wenn aktuell nicht alle Bausteine, Methoden und Werkzeuge zur Verfügung stehen, sollten speziell Unternehmen, die sich einer Vielzahl von komplexen Regelwerken gegenüber sehen, frühzeitig über eine Automatisierung von Compliance nachdenken. Hierbei sollte eine methodische Vorgehensweise beachtet und ein allgemeines Modell zugrunde gelegt werden, die beide auch für zukünftige Anforderungen weiter offen sind. Automatisierung von Compliance ist dann kein Projekt, sondern ein Prozess, der durchaus mit unvollständigen Bausteinen und einer Fokussierung auf wenige Compliance-Anforderungen begonnen werden kann.

Durch die Fokussierung auf einen »Compliance by detection«-Ansatz wird es möglich, relevante Compliance-Probleme frühzeitig zu identifizieren und deren Vermeidung langfristig »by design« anzustreben. Gegebenenfalls können die hierfür erforderlichen technischen Mechanismen kontinuierlich verbessert und die mit einer manuellen Kontrolle verbundenen Nachteile sukzessive behoben werden. Automatisierungsansätze und bereits bewährte Werkzeuge können damit zunächst ergänzt und erst zu einem späteren Zeitpunkt oder bei akutem Bedarf ersetzt werden.

Mit steigendem Automatisierungsgrad wird es zunehmend möglich, zeitnah und besser zu beurteilen, inwiefern Veränderungen von Geschäftsprozessen oder Anpassungen in der IT-Unterstützung Auswirkung auf die Einhaltung von Compliance-Anforderungen haben und ob diese überhaupt zulässig sind. Darüber hinaus können Erfahrungen aus einem beispielsweise für ein bestimmtes Gesetz durchgeführten Audit auch zukünftig berücksichtigt und auf andere Compliance-Anforderungen übertragen werden. So kann iterativ eine Verbesserung bezüglich der Einhaltung von Compliance durch Automatisierung erreicht werden, ohne unnötigerweise essenzielle Handlungsfreiheiten und Flexibilität zu gefährden.

5 Literatur

[Agrawal et al. 2006] *Agrawal, R.; Johnson, C.; Kiernan, J.; Leymann, F.:* Taming Compliance with Sarbanes-Oxley Internal Controls Using Database Technology. In: Proceedings of the 22nd International Conference on Data Engineering 2006 (ICDE '06), Atlanta, USA, 2006.

[Cannon & Byers 2006] *Cannon, J. C.; Byers, M.:* Compliance deconstructed. CACM Queue, 4. Jg., 2006, Heft 7, S. 30-37.

[Hurley 2005] *Hurley, J.:* The Struggle to Manage Security Compliance for Multiple Regulations. White Paper: Enterprise Security Management, Symantec, *www.symantec.com/business/solutions/whitepapers.jsp?solid=public_sector*; Zugriff am 07.05.2008.

[Liebenau & Kärrberg 2006] *Liebenau, J.; Kärrberg, P.:* International Perspectives on Information Security Practices. London School of Economics and Political Science, McAfee, 2006.

[Lischka 2008] *Lischka, K.:* Bürgerrechtler wüten gegen Microsoft-Musik mit Verfallsdatum. In: Spiegel online vom 30.04.2008, *www.spiegel.de/netzwelt/web/0,1518,550686,00.html*; Zugriff am 01.06.2008.

[Prokein 2008] *Prokein, O.:* IT-Risikomanagement – Identifikation, Quantifizierung und wirtschaftliche Steuerung. DUV Gabler, Wiesbaden, 2008.

[Richter & Furubotn 2003] *Richter, R.; Furubotn, E. G.:* Neue Institutionenökonomik. Eine Einführung und kritische Würdigung. 3. Aufl., Mohr Siebeck, Tübingen, 2003.

[Sackmann 2008] *Sackmann, S.:* A Reference Model for Process-oriented IT Risk management. In: Proceedings of the 16th European Conference on Information Systems (ECIS'08), Galway, Irland, 2008.

[Sackmann & Kähmer 2008] *Sackmann, S.; Kähmer, M.:* ExPDT: A Layer-based Approach for Automating Compliance. In: Wirtschaftsinformatik, 50. Jg., 2008, Heft 5.

[Sackmann et al. 2006] *Sackmann, S.; Strüker, J.; Accorsi, R.:* Personalization in privacy-aware highly dynamic systems. In: Communication of the ACM, 49. Jg. 2006, Heft 9, S. 32-38.

[Sadiq et al. 2007] *Sadiq, S. W.; Governatori, G.; Namiri, K.:* Modeling Control Objectives for Business Process Compliance. In: Alonso, G. et al. (Hrsg.): Business process management. Springer-Verlag, Berlin, 2007, S. 149-164.

[Schneider 2006] *Schneider, F. B.:* Computability classes for enforcement mechanisms. In: ACM Transactions on Programming Languages and Systems (TOPLAS), 28. Jg., 2006, Heft 1, S. 175-205.

Dr. Stefan Sackmann
Albert-Ludwigs-Universität Freiburg
Institut für Informatik und Gesellschaft
Abteilung Telematik
Friedrichstr. 50
79098 Freiburg
sackmann@iig.uni-freiburg.de
www.telematik.uni-freiburg.de

Matthias Goeken, Ralf Knackstedt

Referenzmodellgestütztes Compliance Reporting am Beispiel der EU-Finanzmarktrichtlinie MiFID

Unternehmen werden über Regulierungen wie z. B. die Finanzmarktrichtlinie der Europäischen Union (MiFID) und deren nationale Umsetzungen zur Herstellung von Transparenz und Publizität verpflichtet. Die Einhaltung dieser Berichtspflichten bei der Gestaltung von Data-Warehouse- und Business-Intelligence-Systemen zu gewährleisten, stellt eine wesentliche Aufgabe des Compliance Management dar. Mittels multidimensionaler Referenzmodelle lassen sich aus den Regulierungen resultierende Informationsbedarfe in einer für die Informationssystemgestaltung geeigneten Form explizieren. Die Referenzmodelle bilden dabei sowohl die strikten Informationserfordernisse als auch die von den Regulierungen eingeräumten Gestaltungsfreiräume ab. Durch die speziell unterstützte Anpassung der allgemeingültigen Referenzmodelle können Unternehmen effizient und effektiv zu einer Spezifikation ihres Compliance Reporting gelangen.

Inhaltsübersicht

1 Compliance Reporting

Finanzdienstleistungsunternehmen sehen sich – mehr noch als Unternehmen anderer Branchen – einer steigenden Anzahl an Regulierungen gegenüber. Für betroffene Unternehmen ist es eine »conditio sine qua non«, diese Regulierungen erfüllen zu müssen, d. h. »compliant« zu sein mit diesen. Zum Teil betreffen die Regulierungen direkt den Betrieb und die Organisation der Informationsverarbeitung, beispielsweise mit Blick auf das operationelle Risiko. Zum Teil beziehen sich die Regulierungen auf die Herstellung von Transparenz und Publizität und sind folglich mit konkreten Berichtspflichten gegenüber Behörden (bspw. der Bundesanstalt für Finanzdienstleistungsaufsicht (BaFin)) oder der Öffentlichkeit verbunden.

Der Erfüllung der Berichtspflichten durch Bereitstellung der hierfür notwendigen Informationen dient das Compliance Reporting. Es kann sich zu diesem Zweck der IT-Infrastruktur des allgemeinen Unternehmensberichtswesens bedienen. Diese wird gegenwärtig durch das Data-Warehouse-Konzept, Online-Analytical-Processing-(OLAP-)Softwarewerkzeuge, weitere Business-Intelligence-(BI-)Systeme sowie einfache Reporting-Werkzeuge geprägt. Die spezielle Herausforderung des Compliance Reporting besteht deshalb nicht vordringlich darin, innovative Anwendungssystemtypen zur Berichterstattung zu entwickeln, sondern die für das Unternehmen gültigen Anforderungen an die inhaltliche Ausgestaltung seines Berichtswesens vollständig zu erfassen und mit bekannten Berichtsinstrumenten umzusetzen.

State-of-the-Art der Einführung Data-Warehouse-gestützter OLAP-Systeme ist es, zunächst die Informationsanforderungen in multidimensionalen Fachkonzepten zu spezifizieren, um aus diesen im weiteren Entwicklungsprozess logische und schließlich physische Datenmodelle abzuleiten. Die multidimensionalen Modelle grenzen die relevanten Informationsmengen anhand von Fakten ein, die sich aus Kennzahlen, wie z. B. Umsatz und Deckungsbeitrag, und Bezugsobjekten, wie z. B. Regionen und Artikeln, zusammensetzen. Für Kennzahlen und Bezugsobjekte lassen sich jeweils Analysepfade vorgeben. Kennzahlensysteme beschreiben dabei rechentechnische bzw. sachlogische Zusammenhänge zwischen Kennzahlen, während Dimensionen Generalisierungs- bzw. Aggregationsbeziehungen zwischen Bezugsobjekten beschreiben. Zur vereinfachten Veranschaulichung dieses Konzepts wird häufig die Würfelmetapher herangezogen. Den Raum des Würfels füllen dabei die zu berichtenden bzw. zu analysierenden Fakten aus. Die Kanten des Würfels werden als Dimensionen interpretiert. Durch die Beschränkung der Dimensionen erhält man Ausschnitte aus dem verfügbaren Faktenraum. Auf eine Darstellung von Kennzahlensystemen wird dabei verzichtet. Die Identifikation relevanter Bezugsobjekte und Kennzahlen bildet vor diesem Hintergrund eine wesentliche konzeptionelle Grundlage des Compliance Reporting.

Die in den Regulierungen festgelegten Berichtspflichten gelten jeweils für Klassen von Unternehmen. Deshalb erscheint es sinnvoll, das Reporting und die Analyseanforderungen nicht für jedes Unternehmen einzeln zu modellieren. Vielmehr ist es effizienter, konzeptionelle Referenzmodelle, die regulatorische Berichtsanforderungen allgemeingültig repräsentieren, zu konstruieren. Diese können im Anschluss von der adressierten Klasse von Unternehmen wiederverwendet und dabei gegebenenfalls an jeweilige Unternehmensspezifika angepasst werden. Beispielsweise wird in den MaRisk (Mindestanforderungen an das Risikomanagement) eine Berichterstattung zur Entwicklung des Kreditportfolios vorgeschrieben, nach welchen Kriterien die Portfolios gebildet werden, bleibt jedoch dem berichtspflichtigen Unternehmen überlassen.

Am Beispiel der EU-Finanzmarktrichtlinie »Markets in Financial Instruments Directive« (kurz: MiFID), der europäische Finanzdienstleister seit Ende 2007 unterliegen, werden im Folgenden die Konstruktion (Abschnitt 2) und Anwendung (Abschnitt 3) von Referenzmodellen für das Compliance Reporting ausführlich beschrieben und Entwicklungspotenziale (Abschnitt 4) aufgezeigt. Diese Richtlinie repräsentiert eine Neuregelung des europäischen Kapitalrechts und Anlegerschutzes. Der Fokus der Richtlinie ist eine Harmonisierung des europäischen Binnenmarktes für Finanzdienstleistungen, insbesondere für den Bereich des Wertpapierhandels, aber auch weiterer neuer Produkte und Dienstleistungen. Weiterhin soll ein erhöhter Wettbewerb sowie Markttransparenz zum Vorteil des Verbrauchers realisiert werden. Berücksichtigung des Anlegerschutzes und der Marktintegrität sind hierbei hervorzuheben [Gomber et al. 2007]. Die Rechtsverbindlichkeit der EU-Richtlinie tritt erst durch ihre Umsetzung in ein länderspezifisches Gesetz der Mitgliedsstaaten ein. Die Umsetzung in deutsches Recht erfolgte über das im Mai 2007 verabschiedete »Finanzdienstleistungs-Richtlinie-Umsetzungsgesetz« (kurz: FRUG). MiFID wird insofern stellvertretend für die nationalen Implementierungen diskutiert.

2 Konstruktion eines MiFID-Referenzmodells

2.1 Modellierungssprache

Eine grundlegende Aufgabe der Referenzmodellierung des Compliance Reporting stellt die Auswahl bzw. Entwicklung der zu verwendenden Modellierungssprache dar. An die Modellierungssprache sind im Wesentlichen zwei Anforderungen zu stellen. Erstens muss sich die Modellierungssprache eignen, die Berichtsinhalte, die in Gesetzen, Richtlinien oder Verordnungen von bestimmten Unternehmensklassen gefordert werden, abzubilden. Gleichzeitig bestehen in vielen Gesetzen und Regularien nicht unerhebliche Spielräume, die von dem berichtspflichtigen Unternehmen zu füllen sind.

Die unternehmensspezifische Anpassung des Referenzmodells zur Ausnutzung dieser Gestaltungsfreiräume sollte daher zweitens durch geeignete Sprachkonstrukte unterstützt werden.

In den letzten Jahren wurde eine Vielzahl Ansätze zur multidimensionalen Modellierung entwickelt, die sich zur Darstellung bereitzustellender Informationen eignen (bspw. Dimension Fact Model (DFM), Application Design for Processing Technologies (ADAPT), multidimensional Unified Modeling Language (${}_{m}$UML)). Eine ausführliche Gegenüberstellung findet sich z. B. in [Böhnlein 2001] und [Hettler et al. 2003].

Die Ansätze unterscheiden sich insbesondere in der Bezeichnung der zentralen Modellkonstrukte (Fakten, Dimensionen und Kennzahlensysteme) und in der Berücksichtigung spezieller Aspekte der multidimensionalen Modellierung, wie z. B. dimensionale Attribute, verschiedene Dimensions- und Beziehungstypen oder Heterarchien und Hierarchien unterschiedlicher Pfadlängen [Goeken 2006, S. 167 ff.]. Die Verwendung und Erweiterung dieser Modellierungsansätze zum Zwecke der Referenzmodellierung des Compliance Reporting wird im Folgenden am Beispiel des multidimensionalen Entity-Relationship-Modells (ME/RM) nach [Sapia et al. 1998] gezeigt, das die grundlegenden Aspekte der multidimensionalen Modellierung berücksichtigt. Die vorgeschlagenen Adaptionen lassen sich auf andere Modellierungsansätze übertragen.

Das ME/RM übernimmt aus dem traditionellen Entity-Relationship-Modell (E/RM) Entitytypen zur Abbildung von Dimensionsebenen (dimension level) und erweitert es um zwei spezifische Beziehungstypen: die Faktenrelation (fact relationship type) und hierarchische Beziehungen (rolls-up relationship type) (vgl. Abb. 1). Im Mittelpunkt eines ME/RM steht die Faktenrelation, die als Quadrat dargestellt wird. Sie repräsentiert eine Faktenmenge, d. h. einen betriebswirtschaftlich relevanten Interessenbereich. Dieser wird durch Kennzahlen als quantifizierende Maßgrößen konkretisiert. Die Faktenrelation verbindet mehrere Dimensionsebenen unterschiedlicher Dimensionen. Die Dimensionsebenen innerhalb einer Dimension stehen i.d.R. in einem hierarchischen Verhältnis und werden durch einen gerichteten azyklischen Graphen verbunden, die Rolls-up-Relationshiptypen. Hieraus ergeben sich in den Dimensionen Dimensionspfade mit unterschiedlicher Anzahl an Dimensionsebenen. Da das ME/RM keine explizite Kennzeichnung von Dimensionen vorsieht, wird hier – in Anlehnung an das DFM [Golfarelli et al. 1998] – die Dimension durch ein Oval gekennzeichnet. Außerdem sieht das ME/RM – im Gegensatz zu einigen anderen multidimensionalen Modellierungsansätzen – keine Modellierung von Instanzen der

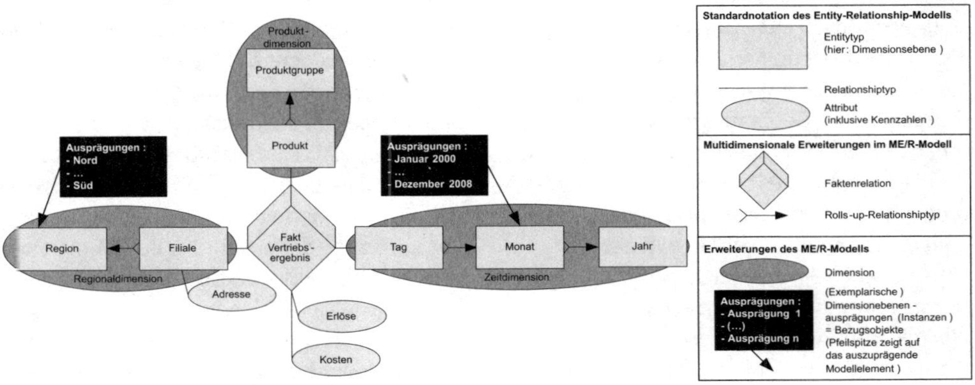

Abb. 1: Ein einfaches multidimensionales Datenmodell

Dimensionsebenen (Bezugsobjekte) vor. Um abzubilden, dass teilweise bestimmte Ausprägungen von Dimensionsebenen gesetzlich bzw. durch sonstige Regularien vorgegeben oder zumindest ihre Verwendung in der Praxis üblich sind, wird ein Symbol zur Annotation von Ausprägungen ergänzt. Alternativ könnte auch eine umfassendere Anpassung der Sprache vorgenommen werden, die die Instanziierung der Dimensionsebenen – in Anlehnung an andere Modellierungssprachen wie z. B. ADAPT – grundsätzlich vorsieht.

Zur Unterstützung der Referenzmodellanwendung sind verschiedene Erweiterungen multidimensionaler Modelle vorgeschlagen worden [Goeken & Knackstedt 2007; Knackstedt 2006; Goeken 2004]. Grundlegend für die konfigurative Referenzmodellierung sind *Konfigurationsterme*, die an Modellelemente annotiert werden. Mit diesen werden Bedingungen expliziert, die aussagen, dass bestimmte Modellelemente (Dimensionen, Dimensionsebenen, Dimensionsebenenausprägungen und Kennzahlen) nur in einem bestimmten Anwendungskontext relevant sind [Becker & Knackstedt 2004]. Konfigurationsterme führen zu diesem Zweck die Ausprägungen von Konfigurationsparametern auf, die für den jeweiligen Anwendungskontext prägend sind. Mit dem Konfigurationsterm »Geschäftsart (Privatkundengeschäft)« wird zum Beispiel ausgedrückt, dass Modellelemente nur von Relevanz sind, wenn das Unternehmen private Anleger als Kunden betreut. Komplizierte Bedingungen lassen sich durch logische Verknüpfungen ausdrücken (z. B. »Geschäftsart (Privatkundengeschäft) UND Rechtlicher Gültigkeitsbereich (Deutschland)«). Die Formulierung der Konfigurationsterme wird dabei durch eine Grammatik reglementiert, wodurch die Voraussetzung für eine maschinelle Auswertung der Konfigurationsregeln geschaffen wird. Modellelemente, die mit Konfigurationstermen versehen sind, die nicht zu dem Anwendungskontext der jeweiligen Referenzmodellanwendung passen, werden aus dem Referenzmodell eliminiert. Bei der Eliminierung der Modellelemente sind unterbrochene Navigationspfade wieder konsistent zusammenzuführen. Modellelemente ohne Konfigurationsterme bleiben in jedem Fall erhalten. Die konfigurative Referenzmodellierung beschreibt auf diese Weise ein allgemeingültiges Regelwerk zur Erzeugung anwendungskontextspezifischer Referenzmodellvarianten. Im Allgemeinen lassen sich allerdings nicht sämtliche unternehmensindividuellen Referenzmodellanpassungen in Form von Regeln vorwegnehmen.

Um die Referenzmodellanpassung durch die explizite Beschreibung verbleibender Gestaltungsfreiräume weiter zu erleichtern, werden zusätzliche Konstrukte eingeführt, die im Folgenden in Anlehnung an [Schütte 1998] als Build-Time-Operatoren bezeichnet werden [Goeken 2004]. Der *Build-Time-Operator »Dimensionsebenenspezialisierung«* dient der Markierung von Dimensionsebenen, die im Rahmen der Referenzmodellanwendung unternehmensspezifisch konkretisiert werden sollten. Der Operator wird als Pfeil dargestellt, der von der markierten Dimensionsebene ausgehend wiederum auf diese zeigt. Eine solche Dimensionsebene kann durch eine unternehmensspezifisch anders bezeichnete Dimensionsebene ohne Build-Time-Operator ersetzt oder gar ganz gelöscht werden. Es ist aber auch möglich, die markierte Dimensionsebene durch mehrere über Rolls-up-Relationshiptypen verbundene Dimensionsebenen zu ersetzen.

Um darüber hinaus wählbare Varianten in Dimensionen zu kennzeichnen, wird der *Build-Time-Operator »Pfadselektion«* verwendet. Er ermöglicht es, Bedingungs- bzw. Ausschlussbeziehungen zwischen verschiedenen Dimensionspfaden zu definieren. Der Build-Time-Operator wird als schwarz ausgefüllter Kreis dargestellt und in unterschiedlichen Ausprägungen verwendet. Von grundlegender Bedeutung sind dabei die logischen Operatoren exklusives Oder (X) und inklusives Oder (V). Ziel dieser Spracherweiterung ist es, die Möglichkeit zur parallelen Existenz von Pfaden zu beschreiben. Eine Beschreibung durch ein inklusives Oder gibt an, dass sich zwei Dimensionen parallel implementieren lassen, während sich dies bei einem exklusiven Oder hingegen ausschließt.

2.2 Modellinhalte

Die Konstruktion der Modellierungssprache bildet die Grundlage für die Konstruktion des Referenzmodells selbst, die eine inhaltliche Analyse der MiFID erfordert. Die durch MiFID festgelegten Berichts- und Aufzeichnungspflichten gliedern sich in die fünf Bereiche Berichtspflichten bei der Ausführung von Kundenaufträgen, Berichtspflichten bei der Finanzportfolioverwaltung, Berichtspflichten bei der Verwahrung von Kundenvermögen, Aufzeichnungspflichten und Markttransparenz. Im Folgenden werden Modellinhalte vorgestellt, die sich aus den ersten beiden Bereichen ableiten lassen.

Die *Berichtspflichten bei der Ausführung von Kundenaufträgen* sollen dem Kunden eine höhere Transparenz über die erbrachten Dienstleistungen verschaffen. Es besteht für Wertpapierfirmen die Verpflichtung zur bestmöglichen Ausführung von Kundenaufträgen (Prinzip der »best execution«). Diese ist durch die Bereitstellung geeigneter Informationen nachzuweisen (bspw. § 31 (3) WpHG (Gesetz über den Wertpapierhandel)). Die Informationen, die der Bericht enthalten muss, sind in Tabelle 1 dargestellt (um die Präsentation des Referenzmodells an dieser Stelle nicht zu überfrachten, werden qualitative und statische In-

Informationen für die Erfüllung von *Berichtspflichten bei der Ausführung von Kundenaufträgen* (MiFID, Art. 19, Abs. 8; § 31, Abs. 8 WpHG)	Informationen für die Erfüllung von *Berichtspflichten bei der Finanzportfolioverwaltung* (MiFID, Art. 19, Abs. 8; § 31, Abs. 8 WpHG)
a) Name des Unternehmens, das die Mitteilung macht b) Name oder sonstige Bezeichnung des Kunden c) Handelstag d) Handelszeitpunkt e) Art des Auftrags f) Ausführungsplatz g) Finanzinstrument h) Kauf-/Verkaufsindikator i) Wesen des Auftrags, falls es sich nicht um einen Kauf- oder Verkaufsauftrag handelt j) Menge k) Stückpreis l) Gesamtentgelt m) in Rechnung gestellte Provision n) Aufgaben des Kunden in Zusammenhang mit der Abwicklung o) Ein Hinweis, falls der Vertragspartner das Wertpapierdienstleistungsunternehmen (WpDLU) selbst oder eine Person bzw. Gruppe, der das WpDLU angehört, bzw. ein Kunde des WpDLU war	a) Name des Wertpapierdienstleistungsunternehmens (WpDLU) b) Name und Bezeichnung des Kontos c) Zusammensetzung und Bewertung des Portfolios mit Einzelangaben zu jedem Finanzinstrument d) Gesamtbetrag angefallener Gebühren und Entgelte, welche mindestens nach Gesamtverwaltungsgebühren und Gesamtkosten aufzuschlüsseln sind, und ein Hinweis darüber, dass eine detaillierte Aufschlüsselung auf Anfrage übermittelt wird e) Vergleich der Wertentwicklung mit einer Vergleichsgröße f) Gesamtbetrag der Dividenden-, Zins- und sonstigen Zahlungen während des Berichtszeitraums g) Informationen über sonstige Maßnahmen des WpDLU, die Rechte in Bezug auf gehaltene Finanzinstrumente (Fi), verliehene Fi und für jedes im Berichtszeitraum ausgeführte Geschäft die Angaben c) bis l) der Informationen bei der Ausführung von Kundenaufträgen (siehe linke Spalte), falls der Kunde die Informationen nicht für jedes ausgeführte Geschäft in gesonderter Aufstellung verlangt

Tab. 1: Berichtspflichten bei der Ausführung von Kundenaufträgen und bei der Finanzportfolioverwaltung nach MiFID [Becker et al. 2007, S. 197 ff.]

formationen und kundenrechtsformabhängige Informationen nicht aufgeführt; ebenso wird von reinen Kauf- und Verkaufstransaktionen ausgegangen) [Becker et al. 2007, S. 197 f.].

Die *Berichtspflichten bei der Finanzportfolioverwaltung* (MiFID, Art. 19, Abs. 8; § 31, Abs. 8 WpHG) erfordern, dass dem Kunden ein Überblick über die in seinem Namen und mit seinen Geldern getätigten Anlagen und deren Leistung gegeben wird. Die Informationsübermittlung findet bei Privatkunden mindestens alle sechs Monate oder wahlweise alle drei Monate statt. Eine monatliche Aufstellung ist nur bei kreditfinanzierten Portfolios notwendig. Bei professionellen Anlegern bedarf es der Definition eines »regelmäßigen« Zeitraums. Bei Geschäften mit Privatkunden, die mindestens eine ungedeckte Position enthalten, müssen dem Kunden ebenfalls etwaige Verluste zum Ende eines Geschäftstages mitgeteilt werden. Wird vom Kunden eine gesonderte Aufstellung über einzelne Geschäfte verlangt, gelten die Berichtspflichten der Tabelle 1, Spalte 2 [Becker et al. 2007, S. 201 f.].

Die beschriebenen Berichtspflichten über die Ausführung von Kundenaufträgen und die Finanzportfolioverwaltung lassen sich in einem gemeinsamen Referenzmodell zusammenfassen (vgl. Abb. 2). Es wurde eine Auswahl vorgenommen, welche Informationen als Fakt und welche in Form von Dimensionen, Dimensionspfaden und Dimensionsebenen abgebildet werden. Insbesondere wird die Modellierung statischer, nicht dimensionaler und nicht hierarchischer Daten vernachlässigt.

Für beide Berichtszwecke ist eine kundenspezifische Darstellung (Kundenklassifikation) notwendig, was eine *Kundendimension* erforderlich macht. Grundsätzlich wäre es denkbar, im Referenzmodell lediglich vorzugeben, dass eine Kundendimension erforderlich ist. Jedoch würde dies dem Ziel, die Entwicklung unternehmensspezifischer Modelle effizienter und effektiver zu gestalten, nicht gerecht werden. Daher werden in dem MiFID-Referenzmodell mögliche Varianten für die Kundenklassifikation dargestellt, die parallel modelliert und implementiert werden können (Build-Time-Operator: inklusives Oder). Die Dimensionsebene »Kunde nach Geschäftspartnergruppen«, für die auch Ausprägungen angegeben sind, wird in Veröffentlichungen und Auslegungen häufig angeführt [Becker et al. 2007]. Darüber hinaus ist es sinnvoll, weitere Kundengruppierungen in den Bericht aufzunehmen, beispielsweise Kunden nach Regionen und Größenklassen. Weitere Kundenklassifikationen sind spezifisch für Privat- und Geschäftskunden. Über Konfigurationsterme wird ausgedrückt, dass diese Dimensionsgruppen nur von Unternehmen verwendet werden, die Privat- bzw. Geschäftskundengeschäft betreiben. Mit Hilfe dieser Konfigurationsterme lassen sich auch die vorgeschlagenen Ausprägungen für die Unterscheidung der Geschäftspartnergruppen formulieren. Die rekursiven Relationen der Build-Time-Operatoren vom Typ Dimensionsebenenspezialisierung deuten an, dass für die meisten der Segmentierungsmöglichkeiten weitere Ausarbeitungen der Dimensionspfade mit mehreren Ebenen möglich und sinnvoll sind. Zusätzlich erfordert die Berichtspflicht zur Portfolioverwaltung eine Berichterstattung über Name und Bezeichnung der jeweiligen Konten. Daher ist es sinnvoll, in der Kundendimension das Konto als Ausgangspunkt der Dimension zu wählen, da Konten in der Regel genau einem Kunden zugeordnet werden können.

Eine *Ausführungsdimension* ist nur für die Erstellung von Ausführungsberichten notwendig. Diese Abhängigkeit wird durch einen Konfigurationsterm, der den für die Dimension relevanten Berichtszweck nennt, festgehalten. Die im Modell aufgezeigten Dimensionspfade ermöglichen die Navigation durch verschiedene Details eines Auftrags. Da grundsätzlich für jede Order nach den genannten Kriterien (Art, Ort, Instrument) berichtet werden kann, schließen sie sich nicht aus. Eine parallele Realisierung ist damit sinnvoll (Build-Time-Operator:

Abb. 2: Multidimensionales Referenzmodell für MiFID

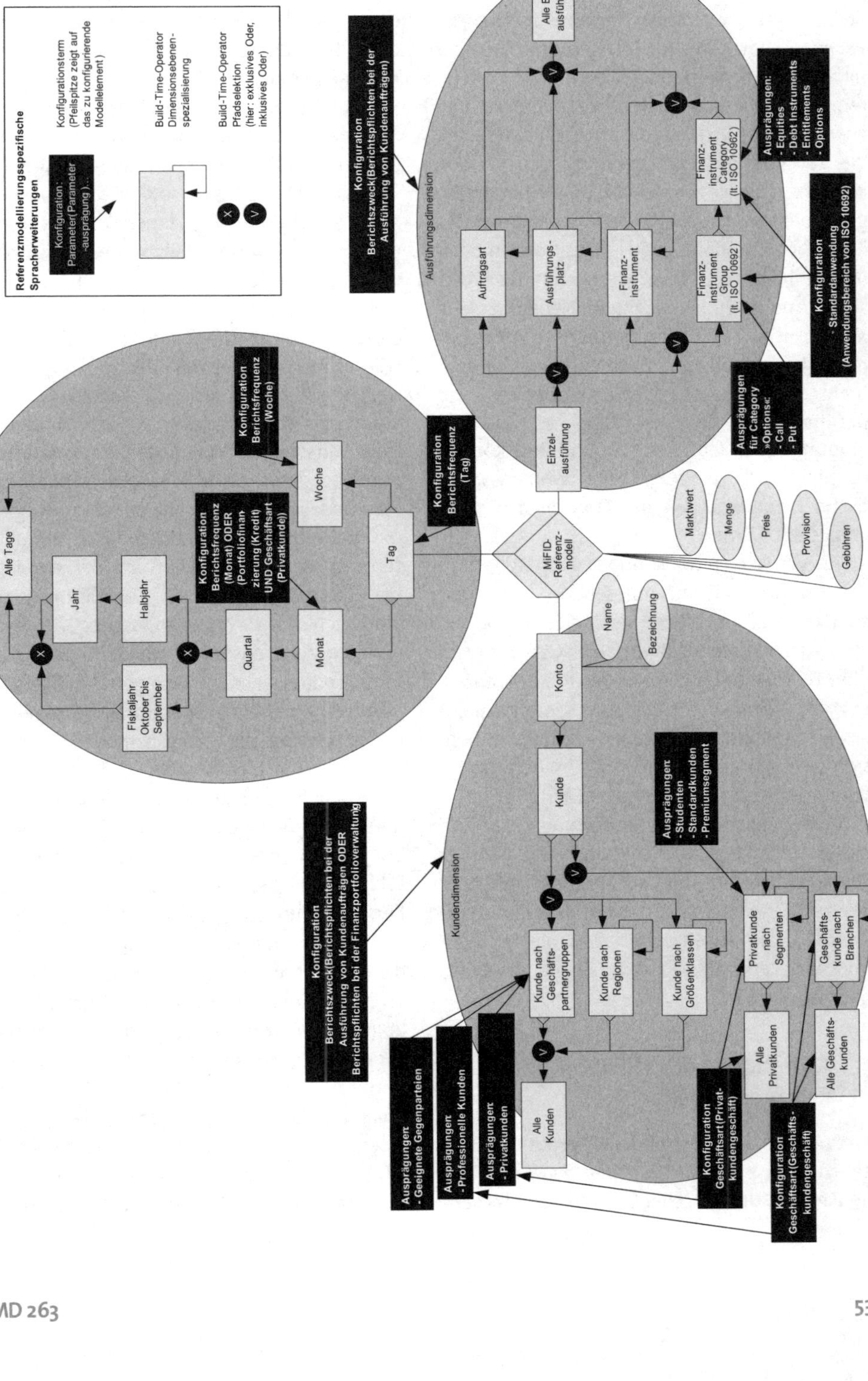

inklusives Oder). Eine Feindefinition der Ausführungsdimension obliegt ebenso wie diejenige der Kundenklassifikation dem Referenzmodellanwender, der dabei unternehmensspezifische Merkmale berücksichtigen kann. Darüber hinaus ist es möglich und zweckmäßig, im Referenzmodell bereits weitere Vorgaben zu machen oder gar Merkmale konkret zu definieren, die zur Konfiguration herangezogen werden können. In diesem Sinne wird über einen Konfigurationsterm für den Anwendungsbereich des ISO-10962-Standards (CFI – Classification of Financial Instruments) vorgeschlagen, nach diesem Standard zu klassifizieren. Neben der ISO-Klassifikation der Finanzinstrumente in Kategorien (Ausprägungen: Equities, Debt Instruments, Entitlements (Rights), Options etc.) und untergeordnete Gruppen (bspw. folgende Ausprägungen bei Options: Call und Put) können parallel auch weitere, unternehmensspezifische Gruppierungen der Finanzinstrumente eingesetzt werden.

Die *Zeitdimension* kann als obligatorisch in der Berichterstattung angesehen werden und sieht ebenfalls parallele Hierarchiepfade vor. So lässt sich eine Kennzahl beispielsweise sowohl über *Wochen* als auch über den Pfad *Monat* → *Quartal* → *Halbjahr* → *Jahr* aggregieren. Das exklusive Oder gibt in der generischen Zeitdimension an, dass in einem spezifischen multidimensionalen Modell nur eine alternative Pfadhierarchie zum Einsatz kommen kann. An dieser Stelle zeigt sich aber auch, auf welcher Ebene die Kennzahlen vergleichbar gemacht werden können. So kann, wenn Fiskaljahr und Geschäftsjahr auseinanderfallen, die Umrechnung der Kennzahlen auf der Ebene von Quartalen erfolgen.

3 Anwendung des MiFID-Referenzmodells

Im Zuge der Referenzmodellanwendung erfolgen zunächst eine Auswertung der Konfigurationsregeln und anschließend eine unternehmensspezifische Ausdifferenzierung der durch die Build-Time-Operatoren beschriebenen Gestaltungsfreiräume. Abbildung 3 zeigt ein exemplarisches Ergebnis einer solchen Anwendung für den vorgestellten Ausschnitt eines MiFID-Referenzmodells.

Es wird davon ausgegangen, dass als Berichtszweck die Erfüllung der Berichtspflichten bei der Ausführung von Kundenaufträgen verfolgt wird. Deshalb sind sowohl die Kunden- als auch die Auswertungsdimension Bestandteil des konfigurierten Modells. Außerdem wird unterstellt, dass sowohl das Privat- als auch das Geschäftskundengeschäft verfolgt werden. Andernfalls würden die für diese Geschäftsarten spezifischen Kundenklassifikationen aus dem Modell entfernt. Es soll auch vorkommen, dass die Portfoliofinanzierung kreditfinanziert erfolgt, sodass eine monatliche Berichterstattung notwendig wird. Darüber hinaus setzt der Referenzmodellanwender fest, dass er eine tägliche und wöchentliche Berichtsfrequenz unterstützen möchte. Nach Auswertung der jeweiligen Konfigurationsterme und Durchführung der entsprechenden Modellanpassungen werden die Konfigurationsterme aus dem Modell entfernt, sodass es nach erfolgter Konfiguration nur noch Build-Time-Operatoren zur expliziten Unterstützung der Referenzmodellanpassung enthält.

Bezüglich der *Kundendimension* erfordern die Build-Time-Operatoren, dass eine Entscheidung getroffen werden muss, welche der vorgeschlagenen Klassifizierungen in Berichte eingehen sollen und ob gegebenenfalls eine Detaillierung des Analysepfades angebracht ist. Für die beispielhafte Adaption der Kundendimension ist die Segmentierung nach Größenklassen abgewählt worden. Für den Build-Time-Operator »Kunde nach Regionen« erfolgte eine Adaption der bei der Wertpapierfirma üblichen regionalen Kundensegmentierung (jeder Kunde ist einer Filiale zugeordnet, mehrere Filialen bilden ein Vertriebsgebiet). Am Beispiel der Dimensionsebene »Privatkunde nach Segmenten«

Abb. 3: Adaptiertes Referenzmodell zu Berichtspflichten bei der Ausführung von Kundenaufträgen

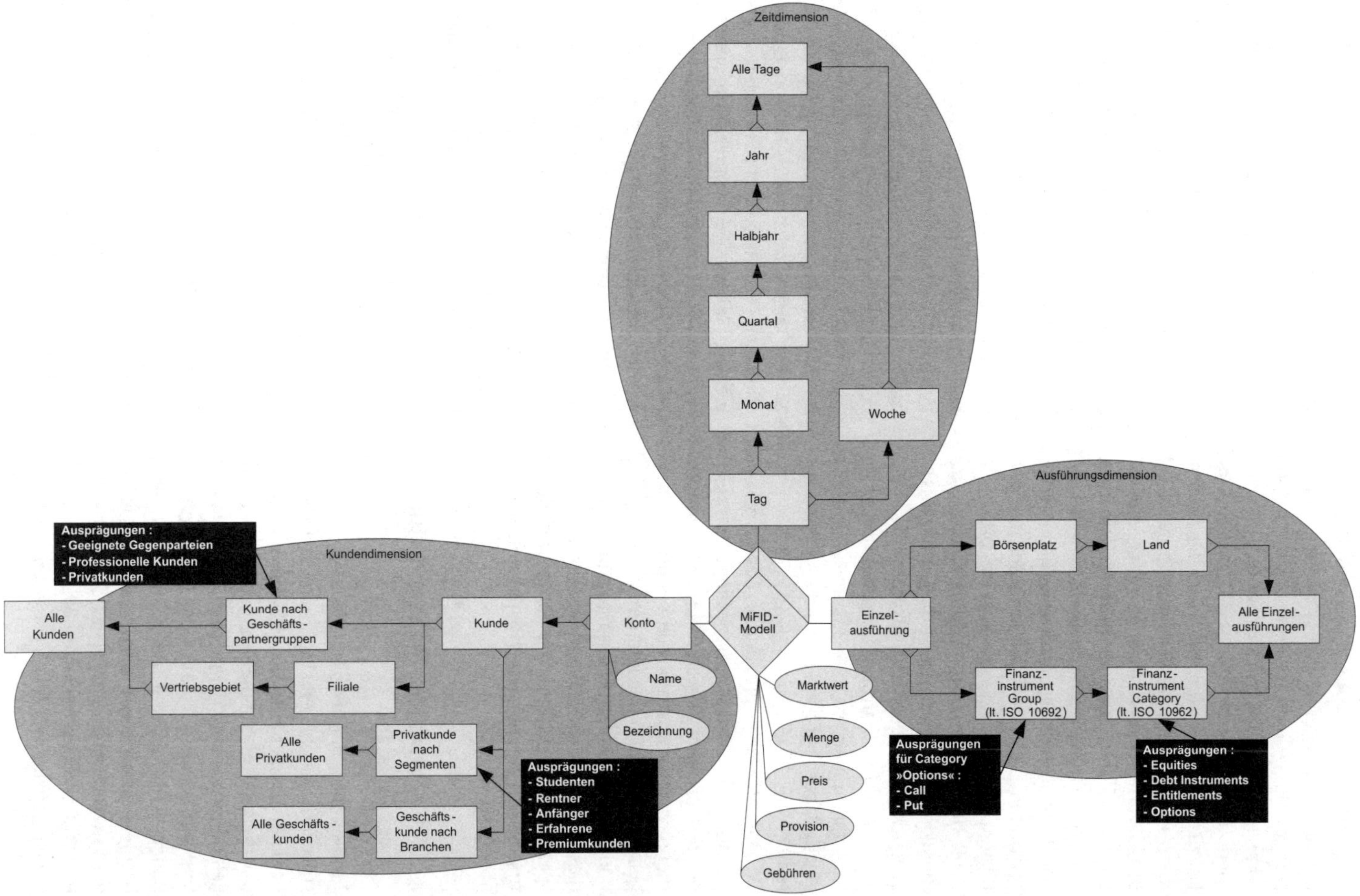

wird zudem die für Ausprägungen grundsätzlich zulässige unternehmensspezifische Anpassung der im Modell ausgewiesenen Bezugsobjekte illustriert. Da für unser Beispielunternehmen angenommen wird, dass Geschäfts- und Fiskaljahr zusammenfallen, wurde der Pfad mit dem Fiskaljahr aus der *Zeitdimension* entfernt. In der *Ausführungsdimension* wurde die Auftragsart nicht in das endgültige Modell aufgenommen. Für den im Referenzmodell vorgesehenen Build-Time-Operator für Ausführungsplatz wurde ein zweistufiger Pfad, der nach Börsenplatz und Land gliedert, eingeführt. Da die Berichterstattung gemäß der Finanzinstrumentklassifikation des ISO-10692-Standards für ausreichend angesehen wird, wurde der Build-Time-Operator Finanzinstrument nicht zum Anlass genommen, weitere Klassifikationspfade einzupflegen, sondern er wurde gänzlich entfernt.

Das Beispiel verdeutlicht, dass die Ergebnisse der Referenzmodellanpassung keine referenzmodellspezifischen Notationselemente mehr enthalten. Alle Konfigurationsregeln und Build-Time-Operatoren sind aufgelöst und an eine spezifische Variante gebunden. Auf diese Weise ist als Resultat ein unternehmensspezifisches ME/RM für das Compliance Reporting gemäß ausgewählten Bereichen der MiFID abgeleitet worden.

4 Perspektiven zur Weiterentwicklung des Ansatzes

Am Beispiel von MiFID wurde sowohl die Konstruktion eines allgemeingültigen fachkonzeptionellen Referenzmodells des Compliance Reporting als auch die unternehmensindividuelle Referenzmodellanpassung gezeigt. Analog lassen sich andere regulatorische Vorgaben, wie Bundesbank- und BaFin-Berichte, die MaRisk, Basel II und anderes mehr, modellieren. Neben der Erschließung zusätzlicher Domänen stellen methodische Erweiterungen wichtige Entwicklungsperspektiven für den vorgestellten Ansatz dar. Die Verwendung von ME/RM als Basis der multidimensionalen Entwicklung bedingt z. B. eine unzureichende Spezifikation von Kennzahlensystemen, da die rechentechnischen bzw. sachlogischen Beziehungen zwischen Kennzahlen nicht abgebildet werden. Eine Erweiterung um Kennzahlensysteme könnte z. B. in Anlehnung an ADAPT vorgenommen werden [Bulos 1996]. Die Kennzahlen werden dabei wie die Dimensionen hierarchisch strukturiert und der Faktenrelation zugeordnet. Mittels Formeln kann beschrieben werden, wie sich berechnete Kennzahlen aus Basiskennzahlen und gegebenenfalls anderen berechneten Kennzahlen mathematisch zusammensetzen. Da sich Kennzahlen darin unterscheiden, welche Aggregationen für sie entlang der Dimensionen zulässig sind, bietet sich ergänzend auch eine Anleihe an DFM an [Golfarelli et al. 1998]. Für Kennzahlen, deren Werte sich entlang einer bestimmten Dimension nicht summieren lassen, werden alternative Aggregationsoperatoren wie z. B. AVG (Durchschnittsbildung) oder MAX (Maximalwert) angegeben. Darüber hinaus werden Benachrichtigungsfristen und vorgeschriebene Kommunikationswege von ME/RM nicht abgebildet. MIFID schreibt z. B. vor, dass einem professionellen Anleger die Informationen über einen ausgeführten Auftrag unverzüglich weitergeleitet werden müssen. Bei einem privaten Investor schließt das Zeitfenster den nächsten Geschäftstag mit ein. Um diese Vorschriften abzubilden, wäre ME/RM um zusätzliche Konstrukte zu erweitern. Die Fristen und Kommunikationswege könnten den Faktenrelationen als spezielle Attribute zugeordnet werden.

5 Literatur

[Becker & Knackstedt 2004] *Becker, J.; Knackstedt, R.:* Referenzmodellierung im Data-Warehousing. State-of-the-Art und konfigurative Ansätze für die Fachkonzeption. In: Wirtschaftsinformatik, Jg. 46 (2004) Nr. 1, S. 39-49.

[Becker et al. 2007] *Becker, A.; Förschler, D.; Klein, J. (Hrsg.)*: MiFID: Umsetzungsanleitung und Umsetzungsprüfung für die Praxis von Banken und Sparkassen. Frankfurt am Main, 2007.

[Böhnlein 2001] *Böhnlein, M.*: Konstruktion semantischer Data-Warehouse-Schemata. Wiesbaden, 2001.

[Bulos 1996] *Bulos, D.*: OLAP Database Design – A New Dimension. In: Database Programming & Desgin (DBPD), Jg. 9 (1996) Nr. 6, S. 33-37.

[Goeken 2004] *Goeken, M.*: Referenzmodellbasierte Einführung von Führungsinformationssystemen. Grundlagen, Anforderungen, Methode. In: Wirtschaftsinformatik, Jg. 46 (2004) Nr. 5, S. 353-365.

[Goeken 2006] *Goeken, M.*: Entwicklung von Data-Warehouse-Systemen. Anforderungsmanagement, Modellierung, Implementierung. Wiesbaden, 2006.

[Goeken & Knackstedt 2007] *Goeken, M.; Knackstedt, R.*: Multidimensional Reference Models for Data Warehouse Development. In: Filipe, J. et al. (Hrsg.): Proceedings of the 9th International Conference on Enterprise Information Systems. Funchal/Portugal, 2007.

[Golfarelli et al. 1998] *Golfarelli, M.; Maio, D.; Rizzi, S.*: The Dimensional Fact Model – A Conceptual Model for Data Warehouse. International Journal of Cooperative Information Systems, Jg. 7 (1998), Nr. 2-3, S. 215-246.

[Gomber et al. 2007] *Gomber, P.; Gesell, M.; Reiniger, C.*: MiFID-Readiness – Die Umsetzung der MiFID ›Markets in Financial Instruments Directive‹ in der deutschen Finanzindustrie. Tagungsband der 8. Internationalen Tagung Wirtschaftsinformatik (WI), Karlsruhe, 2007, Band 2, S. 741-758.

[Hettler et al. 2003] *Hettler, D.; Preuss, P.; Niedereichholz, J.*: Vergleich ausgewählter Ansätze zur semantischen Modellierung von Data-Warehouse-Systemen. In: HMD – Praxis der Wirtschaftsinformatik, Heft 231, 2003, S. 97-107.

[Knackstedt 2006] *Knackstedt, R.*: Fachkonzeptionelle Referenzmodellierung einer Managementunterstützung mit quantitativen und qualitativen Daten. Methodische Konzepte zur Konstruktion und Anwendung. Berlin, 2006.

[Sapia et al. 1998] *Sapia, C.; Blaschka, M.; Höfling, G.; Dinter, B.*: Extending the E/R Model for the Multidimensional Paradigm. In: Lecture Notes in Computer Science Archive. Proceedings of the Workshops on Data Warehousing and Data Mining: Advances in Database Technologies. London, 1998, S. 105-116.

[Schütte 1998] *Schütte, R.*: Grundsätze ordnungsmäßiger Referenzmodellierung. Konstruktion konfigurations- und anpassungsorientierter Modelle. Wiesbaden, 1998.

Prof. Dr. Matthias Goeken
Wirtschaftsinformatik
Management Research Centre
Frankfurt School of Finance & Management
Sonnemannstr. 9-11
60314 Frankfurt am Main
m.goeken@frankfurt-school.de
www.frankfurt-school.de

Dr. Ralf Knackstedt
Westfälische Wilhelms-Universität Münster
European Research Center
for Informations Systems
Leonardo-Campus 3
48149 Münster
ralf.knackstedt@ercis.uni-muenster.de
www.ercis.de

Kian Mossanen, Michael Amberg

IT-Outsourcing & Compliance

Dieser Artikel vergegenwärtigt, warum Compliance beim IT-Outsourcing eine Schlüsselrolle einnimmt, obwohl Compliance bis dato als Entscheidungskriterium vernachlässigt worden ist. Daraus lässt sich in einem zweiten Schritt die Anforderung nach standardisierten Vorgehensweisen und Prozessen zur Komplexitätsreduktion ableiten.

IT-Serviceprovider werden zukünftig ihren Kunden anhand von Zertifizierungen die Compliance ihrer IT-Systeme nachweisen müssen. Daraus entstehen neue strategische Ansätze und potenzielle Wettbewerbsvorteile. Allerdings ist noch fraglich, welche Geschäftsmodelle sich durchsetzen werden. Es ist jedoch anzunehmen, dass Zertifizierungen zu einem wichtigen Kriterium bei der Auswahl von IT-Serviceprovidern werden.

Inhaltsübersicht

1 Aktuelle Fragestellungen und Zielsetzung

Compliance gewinnt aufgrund der ansteigenden internationalen Vorgaben wie dem Sarbanes-Oxley Act (SOX) oder Basel II zunehmend an Bedeutung. Auch wenn deutsche Unternehmen i.d.R. nicht direkt den Vorgaben von SOX unterliegen, so interessieren sich international agierende Kunden verstärkt für die internen Prozesse ihrer Lieferanten [BITKOM 2006, S. 14]. Es entstehen Problemfelder und Fragen, die in der aktuellen Compliance-Diskussion nicht umfassend aufgegriffen worden sind.

Aufgrund der Aktualität der Problemstellung verbindet die vorliegende Publikation die Felder »IT-Compliance« und »Outsourcing« zu einer Einheit und unterzieht diese Fusion einem kritischen Diskurs. Dabei werden nachfolgende Fragestellungen beantwortet:

- Welche Compliance-Anforderungen sind insbesondere für das IT-Outsourcing relevant?
- Kann Compliance über IT-Outsourcing transferiert werden?
- Stellt Compliance ein Argument für oder gegen das IT-Outsourcing dar?
- Welche Compliance-Nachweise und »Best Practices« setzen sich am Markt durch?
- Wie wirken sich die gesteigerten Compliance-Anforderungen gegenwärtig und zukünftig auf das Outsourcing aus?

1.1 Compliance & IT-Compliance

Die Bezeichnung *Compliance* stammt ursprünglich aus dem Englischen und bedeutet »Einhaltung« oder »Befolgung«. Bezogen auf Gesetze und Richtlinien verbirgt sich hinter dem Begriff Compliance die Bedeutung eines gesetzestreuen Verhaltens, d. h. die Einhaltung internationaler, nationaler und innerbetrieblicher Gesetze, Richtlinien und Bestimmungen. Compliance schafft und gewährleistet Transparenz und Kontrolle innerhalb eines Unternehmens, reduziert Risiken und verbessert die Beständigkeit des Geschäftsmodells. Zusätzlich trägt Compliance zu einem verbesserten Ansehen in der Öffentlichkeit bei und fördert das Vertrauen bei den Stakeholdern [Amberg & Mossanen 2007, S. 13].

Die *IT-Compliance* ist eine notwendige Voraussetzung für das Erreichen von Compliance auf Unternehmensebene – der sogenannten Corporate Compliance. Bei der IT-Compliance bezieht sich die zuvor beschriebene Einhaltung internationaler, nationaler und innerbetrieblicher Gesetze, Richtlinien und Bestimmungen auf den Umgang mit der im Unternehmen vorhandenen IT. Deswegen werden die Gestaltung und der Betrieb der IT gemäß den Gesetzen, Vorschriften und Regeln (auch der firmeninternen), denen Unternehmen unterliegen, unter dem Begriff IT-Compliance zusammengefasst [Klotz 2007, S. 14].

Häufig gilt die überwiegende Zahl an Gesetzen und Regelungen auch für die IT, selbst wenn diese nicht explizit im Gesetzestext erwähnt wird. So ist die IT sowohl mittelbar, wie z. B. durch die Forderung eines internen Kontrollsystems (IKS), als auch unmittelbar, wie z. B. durch das Bundesdatenschutzgesetz oder die Grundsätze ordnungsmäßiger DV-gestützter Buchführungssysteme (GoBS), von den Regularien betroffen.

1.2 IT-Outsourcing

IT-Outsourcing bezeichnet die mittel- bis langfristige Übertragung von Verantwortung für die Erstellung von wesentlichen, aber nicht zu den Kernkompetenzen zählenden Teilen bzw. der gesamten Informationstechnologie an einen spezialisierten, externen IT-Serviceprovider bei vorheriger Eigenerstellung der entsprechenden Aufgaben.

Diese Definition des IT-Outsourcings impliziert zwei wesentliche Stakeholder-Gruppen, die an einem Outsourcing-Projekt beteiligt sind: das outsourcende Unternehmen (User Organization) und den Serviceprovider.

Es gibt eine Vielzahl verschiedener Varianten und Klassifizierungsformen des IT-Outsourcings. Einige dieser Dimensionen und der dazugehörigen Ausgestaltungsformen sollten zukünftig mit ihren Implikationen auf Compliance verknüpft werden:

Beim *Standort* eines Outsourcing-Partners müssen auch die rechtlichen Rahmenbedingungen, denen der Outsourcing-Partner unterliegt, betrachtet werden. Ein an der US-Börse gelistetes Unternehmen mit Unternehmenssitz an einem nicht sehr stark gesetzlich reglementierten Standort unterliegt den gleichen Richtlinien des SOX wie ein US-amerikanisches Unternehmen. Somit kommt zum Standort die Dimension hinzu, welchen nationalen und internationalen rechtlichen Rahmenbedingungen Unternehmen bereits aufgrund ihrer Lokation, Rechtsform und internationalen Aktivitäten unterliegen.

Beim IT-Outsourcing ist insbesondere der *Grad der Geschäftsorientierung*, der die ausgelagerten Leistungsarten bestimmt, zu beachten. Wichtig ist hierbei die Geschäftskritikalität. Das bedeutet, dass der Risikograd aufgrund von Compliance analysiert werden muss. Hiervon sind vor allem Banken (Basel II), aber auch andere Branchen betroffen.

Aber nicht nur der Standort und der Grad der Geschäftsorientierung, sondern auch die *Anzahl der Serviceprovider* muss neu bewertet werden. Eine Risikodiversifikation, generiert durch eine Multi-Outsourcing-Strategie, beinhaltet eine Komplexitätssteigerung, die die Kostenposition eines Outsourcings negativ beeinflusst. Unterschiedliche Vorgehensweisen, Zertifikate und Best Practices müssen abgeglichen und die Erfüllung der Compliance-Anforderungen verifiziert werden.

2 Rechtliche Rahmenbedingungen

Unternehmen müssen unter dem Gesichtspunkt Compliance eine kaum zu überblickende Vielzahl an (regulatorischen) Anforderungen aus zum Teil unterschiedlichen (Rechts-)Quellen erfüllen.

Unter regulatorischen Anforderungen werden sowohl nationale und internationale Gesetze als auch Richtlinien und Empfehlungen supranationaler Organisationen, die in nationales Recht umgesetzt werden, verstanden. Außerdem zählen zu ihnen Standards und Richtlinien, die über ihre Integration in gesetzliche Regelungen ihren Stellenwert erhalten, oder Vorgaben, die als State-of-the-Art (quasi) verbindliche Geltung besitzen.

Tabelle 1 zeigt das Ergebnis einer Untersuchung Compliance-relevanter Gesetze, Richtlinien, Rahmenwerke, Prüfungsstandards, Zertifikate und Best Practices im Hinblick auf ihre jeweiligen Implikationen für das IT-Outsourcing. Es werden die rechtlichen Rahmenbedingungen veranschaulicht sowie die Anforderungsgrundlagen und deren Auswirkungen aufgezeigt. Arbeitsrechtliche sowie steuerrechtliche Aspekte wurden im Rahmen dieser Analyse nicht weiter verfolgt. Auch branchenspezifische Regelungen sind nicht Gegenstand der Untersuchung gewesen. Eine ausführliche Beschreibung der aufgezeigten rechtlichen Rahmenbedingungen findet sich bei [Amberg & Mossanen 2007, S. 68 ff.].

Eine Ordnung der gesetzlichen Anforderungen nach ihrer Bedeutsamkeit hat sich im Rahmen der Untersuchungen als nicht zielführend herausgestellt, da diese sehr unterschiedlich wirken und auch die Nichtbefolgung verschiedenartig geahndet wird. Allerdings stechen SOX und die 8. EU-Richtlinie (Euro-SOX) durch ihre gegenwärtige Medienpräsenz hervor.

2.1 Compliance-Nachweise

Nachweise wie Zertifikate und Reports eignen sich dazu, positive Signale über die Eigenschaften der zu zertifizierenden Funktionen an verschiedene Stakeholder zu senden oder schlichtweg Anforderungen nachzukommen. Besonders für externe Serviceprovider kann es von Vorteil sein, sich die Erfüllung bestimmter Standards zertifizieren zu lassen. In Tabelle 2 werden einige zertifizierungsfähige Standards aufgeführt, das Vorgehen dargestellt sowie Vor- und Nachteile aufgezeigt.

2.2 Referenzmodelle

In der deutschsprachigen Wirtschaftsinformatik entwickelte Referenzmodelle haben im internationalen Kontext kaum Beachtung gefunden. Nachfolgend werden die »Control Objectives for Information and Related Technology« (CobiT) kurz vorgestellt, da CobiT andere Rahmenwerke in sich vereint.

CobiT ist ein Modell von weltweit akzeptierten und universell anwendbaren IT-prozessbezogenen Kontrollzielen (Control Objectives), die zum Erreichen von verlässlicher Anwendung der IT umgesetzt werden sollten [Gaulke 2006, S. 22]. CobiT definiert 34 IT-Prozesse, in denen über 300 Kontrollziele (Control Objectives) beschrieben werden.

CobiT hat die Intention, bereits bestehende Standards wie die IT-Infrastructure Library (ITIL) für Servicemanagement, ISO 17799 für Informationssicherheit oder ISO 9000 für Qualitätsmanagement zu integrieren. Außerdem wird unter der Domäne »Planung & Organisation« der Prozess »Ensure Compliance with external requirements« aufgeführt. CobiT berücksichtigt demnach auch Compliance-Anforderungen. Daher ist es sinnvoll, wenn beide Partner einer Outsourcing-Beziehung CobiT für den Aufbau ihrer IT-Prozesse verwenden.

Huissoud ist der Meinung, auch wenn sich Unternehmen nicht nach CobiT zertifizieren lassen können, sendet die Verwendung dieses Rahmenwerkes positive Signale an den jeweiligen Outsourcing-Partner [Huissoud 2001, S. 184]. Outsourcing-Kunden können durch die Nähe von CobiT zur Wirtschaftsprüfung davon ausgehen, dass die wichtigsten Kontrollziele für die Prüfung des Serviceproviders berücksichtigt wurden.

Gesetz	Anforderungs-grundlage	Anforderung/Auswirkung
SOX	Board Release des PCAOB	• Outsourcing verlagert keine Verantwortung. • Fremdbezogener Service ist Teil des IKS. Forderung des Effektivitätsnachweises des IKS der Service-provider.
8. EU-Richtlinie / Euro-SOX	Art. 25 Abs. 1	Bei der Datenübermittlung an Drittländer wird ein »angemessenes Schutzniveau« vorgeschrieben. Auch ins Nicht-EU-Ausland ausgelagerte Dienstleistungen verbleiben im Verantwortungsbereich von Unternehmen. Gleiches gilt für interne Kontroll- und Qualitätssicherungssysteme.
Kontroll- und Transp.-Gesetz	§ 91 Abs. 2 AktG	• Pflicht zur Einrichtung eines Risikomanagement-systems. • Verbundene Serviceprovider müssen überprüfbar sein.
Bundesdaten-schutzgesetz	§ 4 Abs. 1 BDSG	Klärung der Verantwortlichkeit: Auftragsdatenverarbeitung oder Funktionsübertragung (mehr als reine Unterstützungs-funktion): Die Verantwortung des Datenschutzes geht auf den Serviceprovider über.
Basel II	z. B. § 25 a Abs. 2 KWG	• Durch das IT-Outsourcing darf weder die Ordnungsmäßigkeit der Geschäfte leiden, noch dürfen die Kontrollmöglichkeiten der Geschäftsleitung und der BaFin durch das Outsourcing eingeschränkt werden. • Die Verantwortung für die Einhaltung von gesetzlichen Bestimmungen verbleibt beim outsourcenden Unternehmen. • Genauere Betrachtung der Debitoren und deren Outsourcing-Partner durch die Banken.
Handelsgesetz-buch	§ 238 Abs. 1 Satz 2 HGB und § 321 Abs. 1 HGB	• Buchhaltungspflicht: Sicherstellung, dass das externe Unternehmen die Grundsätze ordnungsmäßiger Buchführung (GoB) einhält.
Grundsätze ordnungsmäßiger DV-gestützter Buchführungs-systeme	Kapitel IV GoBS	Forderung eines Datensicherheitskonzepts sowie präzise Anweisungen zur Dokumentation und Prüfbarkeit digitaler Daten. Für die Einhaltung ist der Buchführungspflichtige selbst verantwortlich. Die Integration des Outsourcing-Partners in den Kontrollprozess ist notwendig.
Grundsätze zum Datenzugriff und zur Prüfbarkeit digitaler Unterlagen	Grundlage ist die Abgabenordnung (AO)	Sicherstellung, dass auch bei externen Serviceprovidern auf steuerrelevante Daten (seitens des Prüfers) jederzeit zugegriffen werden kann.
Standards des Instituts der Wirtschafts-prüfer in Deutschland	IDW PS 330 IDW RS FAIT 1	Es gilt zu prüfen, ob sich die Auslagerung auf das IKS auswirkt. Einflussfaktoren: Art der Outsourcing-Beziehung, die wirtschaftliche Lage und das IKS des Serviceproviders. Unternehmen müssen die Auswirkungen auf das IKS beachten, wenn betriebliche (IT-)Funktionen ausgelagert werden.

Tab. 1: Rechtliche Rahmenbedingungen

Zertifizierung/ Standard	Betroffenes Objekt	Vorgehen	Vorteile/Nachteile
IDW PS 331	Internes Kontroll-system	• Verwendung des Prüfberichts des externen Prüfers des Serviceproviders • Durchführung eigener Prüfhandlungen des Prüfers beim Serviceprovider	• Transparenz bez. Schwächen des Sicherheitsmanagementsystems und der Ordnungsmäßigkeit der IT-Sicherheit • Beurteilung der Wirksamkeit getroffener Maßnahmen wird ermöglicht. • Erhalt eines Zeugnisses über die IT-Sicherheitsqualität
IDW PS 951	Internes Kontroll-system	• Typ A: Darstellung und Angemessenheit des IKS • Typ B: Bestätigung der Wirksamkeit des IKS anhand von Funktionsprüfungen	• Typ B: SOX-compliant • Es bleibt abzuwarten, ob er sich gegen den SAS 70 durchsetzen kann.
SAS 70	Internes Kontroll-system	• Typ-I-Report: Vorhandensein und Aufbau eines IKS • Typ-II-Report: Überprüfung der Wirksamkeit und Effektivität der internen Kontrollen anhand von Tests	Typ II: SOX-compliant • Hohe Flexibilität, auch in Bezug auf Kundenbedürfnisse • Hohe Qualitätsanforderungen an Prüfer und Prüfverfahren • Transparenz, da nicht nur das Resultat, sondern der ganze Prüfungsablauf präsentiert wird • Internationale Akzeptanz
ISO/IEC 17799	Informations-sicherheit	Beschreibung von Kontrollmechanismen für die Informationssicherheit: 11 Überwachungsbereiche mit 134 Maßnahmen	Zertifizierung ist nicht möglich, da Sammlung von Best Practices.
ISO/IEC-Standard 27001:2005	Informations-sicherheits-management-system	Sicherheitsmechanismen zum Schutz der IT-Assets	Unter Compliance-Gesichtspunkten bietet eine Zertifizierung nach ISO 27001 in IT-Outsourcing-Beziehungen einige Vorteile, da viele Compliance-Anforderungen berücksichtigt werden. Kann die Prüfung des IKS durch Wirtschaftsprüfer nicht ersetzen.
IT-Grund-schutz-handbuch	Einzelne IT-Anwendungen	Zertifizierung nach ISO 27001	• Eine Zertifizierung einzelner IT-Anwendungen ist möglich. • Es wird explizit auf das BDSG als relevantes Gesetz eingegangen.

Tab. 2: Compliance-Nachweise

3 Wahrung von Compliance beim IT-Outsourcing

Die in Abschnitt 2 dargestellten regulativen Anforderungen zeigen die hohe Komplexität, die mit IT-Outsourcing & Compliance verbunden ist. Um diese zu reduzieren, wurde von den Autoren eine Regelungslandkarte (vgl. Abb. 1) entwickelt, die eine erste Übersicht der Wechselwirkungen, die durch Compliance-Auflagen beim IT-Outsourcing entstehen, vermittelt. Außerdem wird somit der steigende Aufwand, der sich durch Compliance in IT-Outsourcing-Beziehungen ergibt, verdeutlicht. Dabei sind die wichtigsten Stakeholder:

- Serviceprovider (SP)
- Wirtschaftsprüfer (WP) des Serviceproviders
- User Organization (UO)
- Wirtschaftsprüfer der User Organization

Grundsätzlich ist der Prüfer der UO für die Prüfung des Gesamtsystems verantwortlich. Ihm obliegt die Prüfung der Schnittstellen zwischen den internen und den ausgelagerten prüfungsrelevanten IT-Prozessen. Hierunter fällt auch die Prüfung auf Vollständigkeit, Genauigkeit und Freigabe übertragener Inputs, der Sicherstellung sowie der Zugangskontrollen zu den ausgelagerten Systemen.

Rahmenverträge in Kombination mit spezifischen SLAs sind die zentrale Schnittstelle zwischen den Outsourcing-Partnern. Daher empfiehlt es sich, alle Compliance-Anforderungen in diesen festzuschreiben. Dabei ist seitens der UO darauf zu achten, dass alle Anforderungen an Existenz, Zugriff, Nachweisbarkeit und Wirksamkeit der Kontrollen bedacht und aufgenommen worden sind. Dadurch gibt die UO die durch das IT-Outsourcing entstehenden Compliance-Anforderungen an den SP weiter. Die Verantwortung für die Sicherstellung der Einhaltung von Vorgaben kann aber nicht delegiert werden.

Die Regelungslandkarte (vgl. Abb. 1) visualisiert, wie die Stakeholder zur Gewährleistung von Compliance beim IT-Outsourcing beitragen und wie sich die Interdependenzen verhalten.

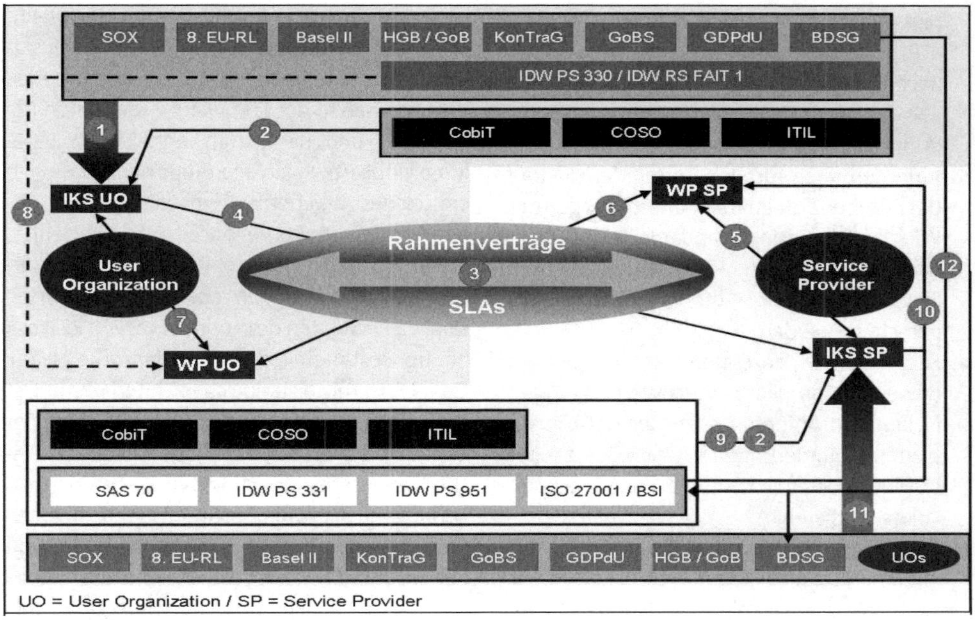

Abb. 1: Regelungslandkarte

Somit wird ein Bild vermittelt, wie ein solcher Prozess compliant durchgeführt werden kann und worauf sowohl UO als auch SP zu achten haben. (Die fortlaufende Nummerierung innerhalb der Regelungslandkarte deutet nicht auf eine bestimmte Reihenfolge der einzelnen Interaktionen hin, sondern dient nur der Aufzählung.)

1. Anforderungen an die UO, die sich aus den gesetzlichen Rahmenbedingungen im Zusammenhang mit IT-Outsourcing ableiten lassen.
2. Die Orientierung an Referenzmodellen verhilft zu IT-Strukturen, die die Zusammenarbeit verbessern.
3. Kontrollanforderungen, basierend auf den rechtlichen Rahmenbedingungen, werden anhand von Service Level Agreements (SLAs), denen ein Rahmenvertrag zugrunde liegt, vertraglich festgehalten.
4. Die gleichen (gesetzlichen) Anforderungen an das IKS der UO werden auch an den SP gestellt.
5. WP des SP überprüft IKS des SP und bescheinigt ggf. »Compliance« (z. B. durch SAS 70).
6. WP der UO verlangt Vorlage von Compliance-Nachweisen vom WP des SP.
7. WP der UO prüft IKS der UO unter Verwendung der Compliance-Nachweise des SP.
8. Anforderungen für die Prüfung der UO und des SP leiten sich aus den Anforderungen der Wirtschaftsprüfungsstandards der UO ab.
9. Orientierung an Referenzmodellen hilft dem SP, den Compliance-Anforderungen der UO gerecht zu werden.
10. Zertifikate, Berichte und Bescheinigungen dienen als Compliance-Nachweis.
11. Neben den Anforderungen der UO können weitere Anforderungen aus dem Gesetz oder seitens anderer UOs das IKS des Serviceproviders tangieren.
12. BDSG verlangt Informationssicherheits-Managementsystem (ISMS) auch bei SP (bspw. nach BSI + ISO 27001). Bei Funktionsübertragung wird der SP BDSG-pflichtig.

4 Argumentationsbilanz IT-Outsourcing & Compliance

In der Literatur werden Compliance-Aspekte bisher nur selten als Argumente für oder gegen das IT-Outsourcing genannt. Aber auch in der Praxis scheint Compliance noch nicht den notwendigen Stellenwert erlangt zu haben. Einer Studie der Metagroup aus dem Jahre 2007 zufolge waren 25 % von über 260 befragten Entscheidungsträgern nicht in der Lage zu sagen, welche Sourcing-Strategie als Reaktion auf SOX angebracht ist [Hall & Liedtka 2007, S. 95 f.].

4.1 Pro IT-Outsourcing

Vor dem Hintergrund der Realisierung einer guten IT-Governance erscheint die Zusammenarbeit mit spezialisierten IT-Serviceprovidern, zu deren Kernkompetenz die Realisierung von IT-Governance-Modellen zählt, eine gute Option. Dieses Vorgehen beinhaltet für die outsourcende Organisation die Möglichkeit, schneller und kostengünstiger eine gute IT-Governance zu erreichen. IT-Serviceprovider werben sogar damit, dass durch das IT-Outsourcing eine Reihe rechtlicher Auflagen für das auslagernde Unternehmen »kein Thema mehr sei«.

Die Analyse der Compliance-relevanten Regelungen und die daraus entwickelte Regelungslandkarte legen allerdings nahe, dass sich ein solches Angebot bestenfalls auf einen kleinen Baustein im Compliance-Umfeld bezieht.

Im Kontext von Basel II kann das Outsourcing von IT-Leistungen ebenfalls von Vorteil sein, da Prüfungen des »operationellen Risikos« häufig Bestandteil der Bonitätsprüfung sind. Gerade bei mittelständischen Unternehmen ist anzunehmen, dass das Aufrechterhalten einer den Ansprüchen von Basel II genügenden IT-Sicherheit intern nur schwer zu bewältigen ist. Somit kann die Funktionsübertragung an einen professionellen Serviceprovider das Risiko von höheren Kreditzinsen durch schlechtere Ratings verringern. Ähnlich positiv kann sich eine Funktionsübertragung entsprechend dem BDSG äußern. Hier gehen die Anforderungen – zumindest was die vom Outsourcing betroffenen personenbezogenen Daten anbelangt – auf den Serviceprovider über. Bei SOX wird ebenfalls die Übertragung der Verantwortung für die Einhaltung der SOX-Vorschriften auf externe Serviceprovider als Argument für das IT-Outsourcing angeführt.

Die genannten Vorteile basieren im Wesentlichen auf potenziellen Effizienzgewinnen, die durch das Auslagern Compliance-relevanter Bereiche realisiert werden können. Durch die Zusammenarbeit mit Serviceprovidern, die auf das Erfüllen von Compliance-Anforderungen spezialisiert sind, kann das Ziel der IT-Compliance im Rahmen der Corporate-Compliance schneller erreicht werden.

Aus der Sicht der IT-Serviceprovider ergeben sich aus den verschärften Compliance-Anforderungen neue Geschäftsfelder und Möglichkeiten. Um u. a. schlechtere Kreditkonditionen zu vermeiden, werden mittelständische Unternehmen vermehrt auf Serviceprovider zurückgreifen müssen, da der hohe Mehraufwand nicht mehr alleine zu bewältigen sein wird.

4.2 Kontra IT-Outsourcing

Aus Sicht der outsourcenden Unternehmen ergeben sich aus den Compliance-Anforderungen deutliche Komplexitätssteigerungen. Der erhöhte Koordinationsaufwand steht im Widerspruch zur Reduktion von Komplexität als Argument für das IT-Outsourcing. Regelungen wie der SOX, das KonTraG, Basel II, die 8. EU-Richtlinie, aber auch handelsrechtliche Vorschriften, verpflichten auslagernde Unternehmen zu erhöhten Kontrollen ihrer Serviceprovider.

Darunter fallen die Kontrolle der Ordnungsmäßigkeit der Buchführung von Serviceprovidern, nachhaltige Überwachung und Kontrolle ausgelagerter IT-Funktionen sowie bilaterale Vertragsvereinbarungen. Für SOX- und Euro-SOX-pflichtige Unternehmen gilt, dass auch das IKS des Serviceproviders Teil ihres IKS ist und dementsprechend überprüft werden muss.

Ein weiterer Nachteil, der sich aus den Compliance-Vorschriften für outsourcende Unternehmen ergibt, liegt in der Haftungsfrage. Manager können für das Fehlverhalten von externen Serviceprovidern zur Verantwortung gezogen werden. Damit müssen sie die Verantwortung für Handlungen übernehmen, die außerhalb ihres direkten Einflussbereichs liegen. Das hebt umso mehr die Bedeutung von umfassenden Kontrollen und entsprechend ausgestalteter Rahmenverträge hervor. Dies impliziert wiederum, dass ganz klare Anforderungen (Metriken und Controls) an einen Serviceprovider definiert werden müssen, die auch überprüfbar sind [Fröhlich & Glasner 2007, S. 214]. Denn wenn ein Unternehmen seine IT oder Teile davon auslagert, dann gibt es ein Ratingkriterium aus der Hand und macht sich dadurch von Dritten abhängig, was zu erhöhten Kapitalkosten führen kann.

Für Serviceprovider ergeben sich im Wesentlichen Nachteile durch den erheblichen Mehraufwand, den sie betreiben müssen, um die Kontroll- und Überwachungsanforderungen ihrer Kunden befriedigen zu können. Das Erreichen von Compliance ist dementsprechend mit einer spürbaren Komplexitätssteigerung verbunden. Zusätzlich haben die meisten Regelungen Anpassungen der SLAs zur Folge, wodurch die Einsicht- und Kontrollmöglichkeiten der Outsourcing-Kunden ebenso wie die Nachweispflichten der Serviceprovider steigen. Praktisch jede in diesem Artikel analysierte Regelung verpflichtet zu strengeren Kontrollen.

4.3 Schlussfolgerungen

Die Analyse der Compliance-Anforderungen hat gezeigt, dass für outsourcende Unternehmen Effizienzsteigerungen für das Auslagern sprechen. Daneben wurde auch die Möglichkeit zur Steigerung der Effektivität der eigenen IT durch die Zusammenarbeit mit spezialisierten IT-Serviceprovidern erörtert.

Die erarbeiteten Argumente gegen das IT-Outsourcing durch Compliance-Anforderungen verdichten sich im Wesentlichen zum Argument der massiven Komplexitätssteigerung für beide Outsourcing-Partner.

Aus der Analyse der Compliance-relevanten Regelungen und den abgeleiteten Argumenten pro und kontra IT-Outsourcing ergibt sich die Forderung nach einer Berücksichtigung von Compliance in der Entscheidungsfindung.

Compliance muss zukünftig bei Verträgen explizite Beachtung finden. Hier entsteht die Anforderung nach standardisierten Prozessen. Für einen IT-Serviceprovider erscheint es sinnvoll, seine Compliance den Kunden anhand von SAS 70 zu bescheinigen. SAS 70 bietet den Vorteil, dass ein Basis-Report des Typs B erbracht werden kann, der wiederum um spezifische Kundenanforderungen ergänzt wird. Das »Standard-Testing« kann möglicherweise anhand einer Pauschale verrechnet werden, wobei ein Aufpreis für »Extra-Testings« verlangt werden kann. Für einen Full-Service-Provider ergibt sich somit die Chance, Skaleneffekte zu heben. Ob sich dieses Geschäftsmodell durchsetzen wird, ist aber noch fraglich.

5 IT-Outsourcing & Compliance in der Praxis

Um die in den vorangegangenen Abschnitten erarbeiteten theoretischen Ergebnisse zu bewerten und einzuordnen, wurde vom Lehrstuhl für Wirtschaftsinformatik III der Friedrich-Alexander-Universität Erlangen-Nürnberg eine anonymisierte Expertenumfrage mit dem Titel »Compliance-Aspekte im IT-Outsourcing« durchgeführt. Ziel war es, durch die Befragung möglichst vieler Experten aus den Fachgebieten IT-Outsourcing und/oder Compliance ein aussagekräftiges Meinungsbild aus der Praxis über die Zusammenhänge von IT-Outsourcing und Compliance zu erhalten. Im Mittelpunkt stand dabei die Frage, ob Compliance als Argument für oder gegen das IT-Outsourcing berücksichtigt werden muss.

Die Stichprobengröße umfasste ein N von 233, wobei 56 % (n = 132) die Onlinebefragung beendeten. Die Probanden wurden anhand von virtuellen sozialen Netzwerken (z. B. Xing), Internetrecherchen und persönlicher Kontakte identifiziert und rekrutiert. Es wurden hauptsächlich Experten eingeladen, sodass von einer hohen Datenqualität ausgegangen werden kann. Bei der Auswertung wurde nach Serviceprovider und auslagernden Unternehmen unterschieden.

Ein erstes Ergebnis der Befragung war (vgl. Abb. 2), dass nahezu 46 % der befragten Serviceprovider SOX für »sehr wichtig« halten, gefolgt vom BDSG, Basel II und dem KonTraG. Eine bedeutende Rolle spielen auch interne Richtlinien. Dieses liegt offensichtlich darin begründet, dass sich Basel II mittelbar über SLAs auf die Serviceprovider auswirkt. Die Anforderungen der 8. EU-Richtlinie werden von den Befragten bisher noch nicht zu den sehr wichtigen Regelungen mit Auswirkungen im IT-Outsourcing-Umfeld gezählt, was sich nach Meinung des Verfassers gegenwärtig ändert.

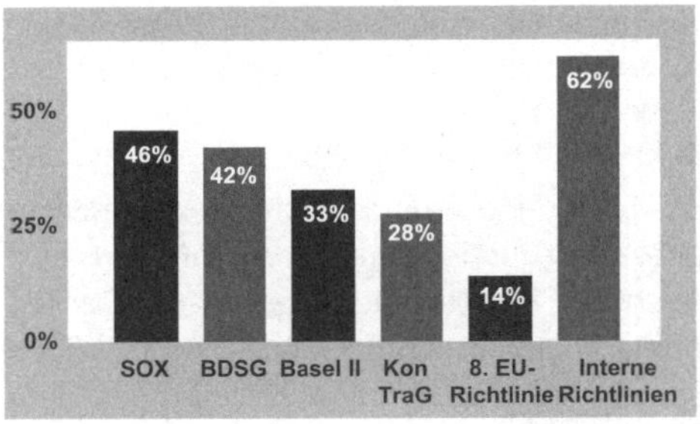

Abb. 2: Relevanz von Gesetzen und Richtlinien für IT-Outsourcing & Compliance

Es hat sich zudem herausgestellt, dass sowohl Serviceprovider als auch outsourcende Unternehmen, die SOX als wichtig erachten, SAS-70-Reports als Quasistandard betrachten.

Rahmenwerke und Referenzmodelle wie die ITIL oder CobiT sind in den befragten Unternehmen als Grundlage für IT-Strukturen, die den Compliance-Anforderungen gerecht werden, auch im Zusammenhang mit IT-Outsourcing von Bedeutung. So gaben über 50 % der Befragten an, dass CobiT in ihrem Unternehmen im Zusammenhang mit IT-Outsourcing eine Rolle spielt. Bei ITIL war dies sogar bei mehr als 75 % der Befragten der Fall.

Die Aussage »Compliance spielt bei IT-Outsourcing-Entscheidungen eine wichtige Rolle« bestätigten die Teilnehmer überwiegend (vgl. Abb. 3). Dabei ist vor allem bei den outsourcenden Unternehmen Compliance ein wichtiger Faktor.

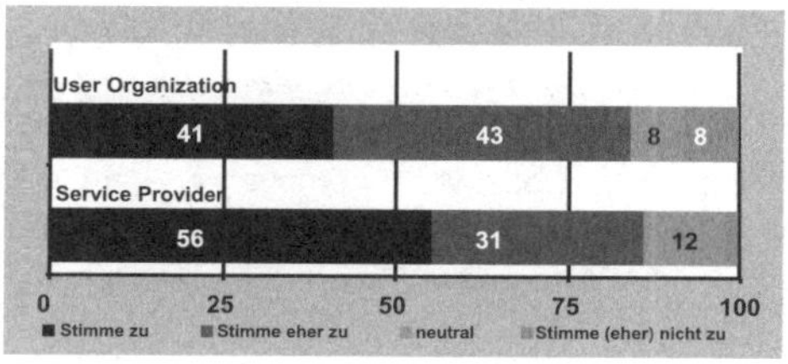

Abb. 3: »Compliance spielt bei IT-Outsourcing-Entscheidungen eine wichtige Rolle«

Die Frage, ob »Compliance als Pro- oder Kontra-Argument bei IT-Outsourcing-Entscheidungen mit einfließt«, wurde auf die Fragestellung, »ob schon einmal aufgrund von Compliance eine Entscheidung gegen das IT-Outsourcing« oder vice versa für das Outsourcing getroffen worden ist, heruntergebrochen. 40 % der Befragten haben diese Frage positiv beantwortet. Eine differenzierte Betrachtung lässt erkennen, dass gerade bei börsennotierten Unternehmen mit mehr als 2000 Mitarbeitern wegen erhöhter interner Kontrollanforderungen, zunehmender Managerhaftung und stärkeren Kontrollpflichten beim IT-Serviceprovider die Nachteile gegenüber den Vorteilen einer IT-Outsourcing-Entscheidung unter Compliance-Aspekten überwiegen.

Umgekehrt wurde die Frage, ob Compliance in konkreten Entscheidungssituationen bereits positiven Einfluss auf das IT-Outsourcing hatte, ebenfalls von etwa 40 % der Befragten positiv beantwortet. Dabei lag der Anteil der Outsourcing-Anbieter bei 60 % gegenüber einem Anteil von Outsourcing-Kunden von 35 %.

Die rein monetäre Betrachtung hat ergeben, dass das IT-Outsourcing durch Compliance-Auflagen teurer werden wird. 82 % der Serviceprovider und 65 % der Outsourcing-Geber sind von einer Kostenzunahme überzeugt.

Interessant ist auch, dass ein Drittel der Befragten davon überzeugt ist, dass durch Compliance die Attraktivität des IT-Outsourcings in Mitleidenschaft gezogen werden wird. Durch die Anwendung von Standards wie CobiT, ITIL, ISO 27001 oder auch SAS-70-Reports können die Nachteile zwar abgeschwächt werden, aber es bleibt festzuhalten, dass nach Auffassung von knapp einem Drittel der Befragten Compliance-Auflagen der Strategiealternative Outsourcing im Wege stehen.

6 Fazit

Als Ergebnis dieses Artikels bleibt festzuhalten, dass insbesondere SOX, das KonTraG, das BDSG, Basel II, die 8. EU-Richtlinie und die Wirtschaftsprüfungsstandards einen eminenten Einfluss auf das IT-Outsourcing haben. Ferner hat sich gezeigt, dass die Verantwortung nur in seltenen Fällen auf den Serviceprovider transferiert werden kann, sondern beim outsourcenden Unternehmen verbleibt.

Die vorliegende Publikation unterstreicht, wie wichtig es ist, Compliance als eigenständiges Kriterium in Entscheidungsmodelle für oder gegen ein IT-Outsourcing einzubinden. Ob eine Compliance-Analyse letztendlich zu einem positiven (z. B. Effizienzsteigerungen) oder negativen Entscheid (z. B. Kostenexplosionen) führt, hängt davon ab, ob sich Compliance-Kriterien gegen andere Faktoren durchsetzen können oder eine Entscheidungstendenz unterstützen. Grundsätzlich hervorzuheben ist, dass Compliance als Instrument zur Entscheidungsfindung bisher in den einschlägigen Modellen kaum eingesetzt wird.

Rahmenwerke wie CobiT, aber auch Compliance-Nachweise wie SAS-70- oder IDW PS 951-Reports sind im Zusammenhang mit IT-Outsourcing von großer Bedeutung. Problematisch ist jedoch, dass Prüfungsgesellschaften eigene Vorgehensmodelle zur Prüfung entwickelt haben. Dieses kann dazu führen, dass aufgrund der unterschiedlichen Vorgehensmodelle Aussagen gemacht werden, die bei Anlegung eines anderen Maßstabes nicht zutreffen würden [Knolmayer 2007, S. 100]. Es stellt sich somit die Frage, wie sich ein Vorgehen zum Erreichen einer allgemein anerkannten Compliance gestaltet. Welcher Standard und welche Rahmenwerke werden sich durchsetzen?

Für die Zukunft bleibt festzuhalten, dass ein unternehmensweites Compliance-Management nicht nur innerhalb der Grenzen des eigenen Unternehmens stattfindet. Die speziellen Compliance-Aspekte des IT-Outsourcings müssen frühzeitig und proaktiv mit den Outsourcing-Partnern aufgegriffen und analysiert werden. Dies wiederum kann für einen Outsourcing-Kunden entscheidend für die Auswahl seines Serviceproviders sein, da die Verantwortung für die Einhaltung von gesetzlichen Bestimmungen beim auslagernden Unternehmen verbleibt.

7 Literatur

[Amberg & Mossanen 2007] *Amberg, M.; Mossanen, K.*: Vorteile und Herausforderungen IT-gestützter Compliance-Erfüllung, 2007, *www.wi3.uni-erlangen.de/fileadmin/ Dateien/Publikationen/Executive_Summary_IT-Compliance.pdf.*

[BITKOM 2006] *BITKOM (Hrsg.)*: Compliance in IT-Outsourcing-Projekten. Leitfaden zur Umsetzung rechtlicher Rahmenbedingungen. Berlin, 2006, *www.bitkom.org/de/themen_gremien/36129_40787.aspx.*

[Fröhlich & Glasner 2007] *Fröhlich, M.; Glasner, K.*: IT-Governance – Leitfaden für eine praxisgerechte Implementierung. Wiesbaden, 2007.

[Gaulke 2006] *Gaulke, M.*: CobiT als IT-Governance-Leitfaden. In: HMD – Praxis der Wirtschaftsinformatik, Heft 250, 2006, S. 21-28.

[Hall & Liedtka 2007] *Hall, J.; Liedtka, S.*: The Sarbanes-Oxley Act: Implications for Large Scale IT-Outsourcing. In: Communications of the ACM, Vol. 50, No. 3, 2007.

[Huissoud 2001] *Huissoud, M.*: IT-Outsourcing und Revision – Konsequenzen des IT-Outsourcings für die interne und externe Revision. In: Eidgenössische Finanzkontrolle-online – Fachtexte, 2001. S. 182-185, *www.efk.admin.ch/pdf/it-outsourcing%20und%20revision_d.pdf.*

[Klotz 2007] *Klotz, M.*: IT-Compliance – auf den Kern reduziert. In: IT-Governance. Zeitschrift des ISACA Germany Chapter e.V., Heft 1, 2007, S. 14-18.

[Knolmayer 2007] *Knolmayer, G.*: Compliance-Nachweise bei Outsourcing von IT-Aufgaben. In: Wirtschaftsinformatik, Heft 49 (Sonderheft), 2007, S. 98-106.

Dipl.-Kfm. Kian Mossanen
Prof. Dr. Michael Amberg
Friedrich-Alexander-Universität
Erlangen-Nürnberg
Lehrstuhl für BWL,
insbesondere Wirtschaftsinformatik
Lange Gasse 20
90403 Nürnberg
{kian.mossanen, michael.amberg}@wiso.uni-erlangen.de
www.wi3.uni-erlangen.de

Gabriele Schäfer, Günter Strolz, Dieter Hertweck

IT-Compliance im Mittelstand

Trotz der Popularität des Begriffs IT-Compliance fehlen genaue Erkenntnisse darüber, ob und auf welche Weise sich mittelständische Unternehmen mit diesem Thema befassen. Als Motivation für die Einführung von IT-Compliance-Strukturen wird häufig das Thema Basel II bzw. eine mögliche Verbesserung des Ratings angeführt. Jedoch zeigen erste Ergebnisse einer Voruntersuchung, dass deutsche Banken beim Rating erst am Anfang stehen, was die Abfrage von IT-Risiken anbelangt. Diese werden derzeit vor allem indirekt anhand der Qualität des externen Rechnungswesens erfasst. Umgekehrt zeigen Untersuchungsergebnisse, dass das Bewusstsein für IT-Risiken bei mittelständischen Unternehmen nur partiell entwickelt ist. Eine Relevanz für das Rating wird derzeit nicht gesehen. Ein Best-Practice-Beispiel zeigt, dass die Etablierung von IT-Compliance auch im Mittelstand möglich ist.

Inhaltsübersicht

1 IT-Compliance – (k)ein Thema für den Mittelstand?

Bei dem Begriff IT-Compliance handelt es sich um einen Sammelbegriff, der zum Ausdruck bringen soll, dass die IT im Rahmen ihrer Funktion, die Zielerreichung eines Unternehmens zu unterstützen, auch gesetzliche Vorgaben beachten muss. Diese gesetzlichen Vorgaben umfassen einzelne Themengebiete wie Datenschutz, aber auch die Frage nach der Verlässlichkeit der IT-Infrastruktur sowie die Erfüllung gesetzlicher Dokumentations- und Archivierungspflichten bis hin zur Thematik IT-Governance mit den Referenzmodellen CobiT und ITIL, deren Relevanz für den Mittelstand derzeit heftig diskutiert wird.

Bislang fehlen genaue Erkenntnisse darüber, wie gut das Thema IT-Compliance in deutschen Unternehmen, insbesondere im Mittelstand, bereits bearbeitet worden ist. Bisherige Untersuchungen, wie [PWC 2006] oder [Exagon 2008], lassen jedoch darauf schließen, dass noch viel zu tun ist und wir erst am Anfang einer mittelständischen Compliance-Kultur stehen. Woran dies liegt, darüber lässt sich derzeit nur spekulieren. Eine Ursache könnte darin bestehen, dass trotz aller negativen Wahrnehmung der deutschen Kontrollwut die tatsächlichen Kontrollen und die drohenden Sanktionen derzeit weitaus weniger gravierend sind als beispielsweise in den USA. Diesbezüglich haben deutsche Unternehmen sicherlich noch Nachholbedarf. Inwieweit sich durch IT-Compliance Nachteile vermeiden oder Wettbewerbsvorteile erringen lassen, ist im Mittelstand noch zu untersuchen. Während große Unternehmen im Automotive- und Finanzdienstleistungssektor bereits viel in ihre IT-Infrastruktur investiert haben, fehlt im Mittelstand bislang noch das Verständnis für die notwendigen Investitionen. Dabei lassen sich bereits mit relativ geringen Mitteln dauerhaft Kosten einsparen und zugleich die Stabilität der zugrunde liegenden IT-Prozesse erhöhen, was die Compliance-Thematik unmittelbar berührt.

Häufig fehlt es schlicht an detaillierten Kenntnissen hinsichtlich der rechtlichen Brisanz und Konsequenzen einer unzureichenden IT-Compliance. Viele Geschäftsführer sind sich nicht bewusst, dass sie in diesem Bereich persönlichen Haftungsrisiken ausgesetzt sind. Fehlt dieses Bewusstsein, ist es wenig verwunderlich, dass der IT-Compliance keine hohe Priorität eingeräumt wird.

Eine weitere Ursache für die relativ geringe Berücksichtigung von IT-Compliance im Mittelstand könnte auch die Behandlung des Themas durch die Banken und Kunden sowie das Fehlen von übergreifenden Zertifizierungen im Bereich IT-Risikomanagement sein.

Immer wieder wird betont, dass IT-Compliance und -Risiken auch Gegenstand des Ratings durch die Banken seien. Allerdings ist festzuhalten, dass derzeit das Thema IT-Risikomanagement lediglich indirekt im Rahmen des Ratings abgefragt wird. Die Problematik der asymmetrischen Informationen zwischen Bank und Bankkunde hinsichtlich des tatsächlichen Zustandes der IT könnte beispielsweise durch die Einschaltung unabhängiger Experten entschärft werden. Tatsächlich wird hier jedoch das Erfahrungswissen der Bankmitarbeiter genutzt, das in den meisten Fällen ausreichend zu sein scheint. Allerdings eben nur »scheint« – so ist davon auszugehen, dass IT-Infrastrukturmängel weder den jeweiligen Unternehmen noch der Bank bewusst sind und – weil nicht beobachtbar – nicht in das Rating einbezogen werden. Vielfach dürfte es am Know-how und an der Erfahrung fehlen, inwieweit Compliance-gerechte IT-Strukturen neben einer größeren Rechtssicherheit auch zu effizienteren IT-Prozessen und damit auch zu einer operativen Ergebnisverbesserung beitragen können.

2 Wie wird IT-Compliance im Rating gesehen?

2.1 Die Sicht der Banken

Wie gehen Banken mit der Thematik um? Um die Qualität der IT-Compliance im jeweiligen Unternehmen im Einzelnen beurteilen zu können, bedarf es eines profunden Wissens sowohl um die rechtlichen Vorgaben im Rahmen der IT-Compliance als auch um die technischen Hintergründe des jeweiligen IT-Systems.

Für diesen Beitrag wurden einige ausgewählte Banken (Großbank, mittelständisch orientierte Privatbank, Genossenschaftsbank, Sparkassen; n=5) im Zeitraum Mai 2008 anhand von explorativen Telefoninterviews befragt, inwieweit IT-Risiken sowie IT-Compliance-Strukturen Gegenstand des Ratings von Unternehmen sind.

Die Ergebnisse der Untersuchung zeigen, dass tendenziell die Neigung vorherrscht, die Qualität der IT sowie das Thema IT-Compliance anhand des indirekten IT-Outcomes zu beurteilen, und zwar vor allem anhand der Qualität des Reportings. Kaum eine Bank fragt bisher das Thema IT-Betrieb im Rahmen des Ratings explizit ab. Je kleiner das Unternehmen ist, desto eher scheint sich das jeweilige Kreditinstitut auf die bisher gemachten eigenen Erfahrungen im Rahmen der durchgeführten Ratings zu verlassen. Es werden dabei vor allem Rückschlüsse von der Qualität der Rechnungswesendaten auf die Qualität der IT-Systeme gezogen. Sofern das jeweilige Unternehmen in der Lage ist, zeitnah und umfassend die gewünschten Berichte zu liefern, wird dies tendenziell als Indiz für eine qualitativ hochwertige IT gesehen. Auch der Internetauftritt eines Unternehmens wird als Indikator herangezogen, um generalisierte Rückschlüsse auf die IT zu ziehen. Ein »optisch gut gemachter« Internetauftritt wird als Zeichen dafür gewertet, dass das Unternehmen seine IT insgesamt im Griff hat. Umgekehrt wird ein »schlechter« Internetauftritt dahingehend interpretiert, dass auch der

Rest der IT im Unternehmen verbesserungsfähig ist.

Für einen signifikanten Zusammenhang zwischen dem Internetauftritt eines Unternehmens und der Qualität der IT insgesamt gibt es derzeit (noch) keine wissenschaftlichen Belege. Zum einen stellt sich die Problematik, anhand welcher Kriterien die Qualität eines Internetauftritts überhaupt gemessen werden kann und ob dies Rückschlüsse auf die Qualität der IT zulässt. Zum anderen zählt die Gestaltung und Realisierung eines Internetauftritts nicht zu den Aufgaben der klassischen IT im Unternehmen, sondern wird üblicherweise vom Marketing in Zusammenarbeit mit externen Webdesignern und Redakteuren konzipiert und umgesetzt – ein weiteres Argument für die Unzulässigkeit einer Schlussfolgerung von einem auf das andere.

Da die IT-Qualität bzw. das IT-Risiko bis auf wenige Ausnahmen nicht Gegenstand einer direkten Frage innerhalb des Ratings darstellt, beruht die Einschätzung der IT-Qualität eines Unternehmens somit vor allem auf dem Erfahrungswissen des jeweiligen Firmenkundenbetreuers. Inwieweit mit der Problematik umgegangen wird, dass sich häufig nur der Firmenkundenbetreuer (Markt), nicht aber die Marktfolge (Rating bzw. Kreditabteilung) intensiv mit dem Webauftritt eines Unternehmens auseinandersetzt, ist bislang unklar und bedarf weiterer Forschung.

Um das IT-Risiko in kleinen und mittleren Unternehmen zu erfassen, wird von Banken häufig die Frage nach einer Betriebsunterbrechungsversicherung gestellt. Ist diese vorhanden, wird das IT-Risiko meist als gering eingestuft. Allerdings kann eine Betriebsunterbrechungsversicherung trotz aller Folgeversicherungen in der Regel nicht den Imageschaden decken, den ein Ausfall der IT-Systeme mit sich bringt.

Je größer ein Unternehmen ist, desto eher scheinen sich Banken darauf zu verlassen, dass die IT-Qualität einfach aufgrund der Unternehmensgröße hinreichend gut ist. Als Belege hierfür werden Risikoberichte von Unternehmen sowie Testate von Wirtschaftsprüfern herangezogen. Aber ist diese Schlussfolgerung zulässig? Man denke an den zweistündigen Ausfall der Internetseite des Online-Versandhändlers Amazon, der immerhin einen Rückgang des Aktienkurses um 4,59 % nach sich zog [Spiegel 2008]. Nun ist Amazon beileibe kein mittelständisches Unternehmen, solche Beispiele zeigen jedoch, dass auch große Unternehmen nicht vor einem Ausfall ihrer Systeme gefeit sind.

Wie verlässlich sind Aussagen der Wirtschaftsprüfer zur IT-Sicherheit in Unternehmen? Nach Äußerungen einiger Unternehmen ist davon auszugehen, dass derartige Untersuchungen ähnlich wie die Ratingverfahren einer Bank verlaufen. Oft wird das Thema anhand eines speziellen Fragebogens bearbeitet. Doch häufig beschränkt sich die Untersuchung schon aus Zeitgründen meist darauf, einen Blick in den Serverraum oder auf relevante Kabel zu werfen. Scheinen die Dinge in Ordnung zu sein, wird daraus ebenfalls auf das IT-Risiko insgesamt geschlossen. Ein ähnliches Verhalten zeigt sich bei Banken, die das Thema IT vergleichsweise ernst nehmen. Auch hier reicht es offenbar aus, dass bei einer Betriebsbesichtigung zumindest der Gesamteindruck so geartet ist, dass bei oberflächlicher Betrachtung keine Ungereimtheiten auffallen. Vermutlich ist dann auch die übrige Infrastruktur auf der Höhe der Zeit – so die Interpretation durch die Kreditinstitute.

Als Fazit lässt sich festhalten, dass aus Sicht der Banken die IT von Unternehmen zwar eine Rolle bei der Bewertung des Kreditrisikos spielt, allerdings die Bewertung des IT-Risikos in der Regel indirekt erfolgt (bis auf eine Bank gaben alle anderen befragten Banken an, keine expliziten Fragen zum Thema IT-Sicherheit und Regelkonformität der IT zu stellen). Die Bewertung beschränkt sich auf Erfahrungen einzelner Berater bzw. auf das Sichverlassen auf weitere Instanzen, wie den Wirtschaftsprüfer. Dabei ist festzustellen, dass tendenziell umso weniger gefragt wird, je größer das Unternehmen ist. Vielfach werden aus leicht zu beobachtenden Darstellungsmitteln des Unternehmens, wie dem Internetauftritt, Rückschlüsse auf die IT-Qualität insgesamt gezogen.

2.2 Die Sicht der Unternehmen

Im Rahmen einer Voruntersuchung zum Thema IT-Compliance im Mittelstand wurden 20 Unternehmen zu ihrer Sicht hinsichtlich der Relevanz von IT-Compliance im Ratingprozess im Zeitraum Mai 2008 anhand eines standardisierten Fragebogens befragt. Ergänzend wurden explorative Interviews durchgeführt. Es handelt sich dabei um Unternehmen aus dem produzierenden Gewerbe, dem Handel, dem Handwerk sowie dem Dienstleistungsgewerbe. Die Zahl der Mitarbeiter beträgt im Durchschnitt 38 Personen, wobei das größte Unternehmen 350 Mitarbeiter aufweist. Die erzielten Befragungsergebnisse beanspruchen keinerlei Repräsentativität, sondern sollen einen ersten Einblick in die Unternehmenssicht ermöglichen. Die Befragung wird im Laufe des Jahres 2008 anhand der bislang gewonnenen Erkenntnisse weitergeführt, um ein repräsentatives Ergebnis zu erhalten.

Eine Prämisse der Untersuchung besteht darin, den relativen Anteil der Computerarbeitsplätze als Indikator für die Bedeutung der IT im Wertschöpfungsprozess des Unternehmens zu betrachten. Die befragten Unternehmen wurden in drei Klassen unterteilt, 1 bis 10 Computerarbeitsplätze finden sich in 80 %, 11 bis 50 in 15 % und mehr als 50 in 5 % der befragten Unternehmen. Zur Frage nach der Relevanz der IT-Sicherheit im eigenen Unternehmen antworteten 5 % mit »gering«, 50 % mit »mittel« und 20 % mit »hoch«. 25 % machten keine Angaben. Auffällig ist, dass sich unter den Antworten mit »hoch« die beiden Unternehmen mit den meisten Computerarbeitsplätzen befinden. Doch wie sieht die Realität im Vergleich zur Selbsteinschätzung aus? Auf die Frage nach der Häufigkeit der Datensicherung, die ein wesentliches Thema der IT-Compliance darstellt, scheinen Unternehmen mit bis zu fünf Computerarbeitsplätzen das Thema nicht zu priorisieren. Lediglich Unternehmen mit mehr als fünf Computerarbeitsplätzen gaben an, die Daten täglich zu sichern. Bei den Unternehmen mit bis zu fünf Computerarbeitsplätzen wurden Zyklen von einmal wöchentlich bis einmal monatlich genannt. Den Umgang mit der Datensicherung spiegelt auch die Frage nach einer systematischen und regelmäßigen Überprüfung der gesicherten Daten wider. Alle Unternehmen mit mehr als fünf Computerarbeitsplätzen gaben an, die Datensicherungen regelmäßig auf Funktionsfähigkeit zu überprüfen. Trotzdem hatten abgesehen von den beiden größten Unternehmen bereits 40 % aller Befragten einmal oder sogar mehrmals Probleme mit Datenverlust. Bei der Frage »Wie verhindern Sie den Zugriff unberechtigter Personen auf Ihre IT-Systeme?« gaben 6 von 20 Unternehmen an, lediglich einen Passwortschutz zu verwenden, ebenfalls 6 antworteten, dass keinerlei Maßnahmen vorhanden wären. 3 Unternehmen machten keine Angabe. Je größer die Anzahl der Computerarbeitsplätze, desto professioneller waren die angegebenen Maßnahmen (z.B. das Vorhandensein von Active Directories oder Sicherheitskonten).

Bei der Frage, wie das jeweilige Unternehmen die Kenntnisse seiner Mitarbeiter hinsichtlich Datensicherheit beurteilte, fielen die Noten umso besser aus, je kleiner die Anzahl der Computerarbeitsplätze angegeben war. So beurteilten die Unternehmen mit bis zu 10 Computerarbeitsplätzen im Durchschnitt nach Schulnoten die Kenntnisse ihrer Mitarbeiter mit 2,3, diejenigen mit 11-50 vergaben im Schnitt eine 3,3, das Unternehmen mit den meisten Computerarbeitsplätzen jedoch nur eine 5! Dies deutet daraufhin, dass mit steigender Anzahl der Computerarbeitsplätze die Fehleranfälligkeit insgesamt steigt oder aber dass die tatsächlichen Kenntnisse der Mitarbeiter realistischer eingeschätzt werden. Allerdings werden hieraus kaum Konsequenzen gezogen. Regelmäßige Schulungen für die Mitarbeiter im Bereich Datensicherheit wurden nur in fünf Fällen angegeben, wobei vor allem die Kleinstunternehmen mit weniger als fünf PC-Arbeitsplätzen punkten. Bei der Frage nach der Dokumentation der Hard- und Software im Unternehmen ist das Bild durchwachsen. Nur 30 % verfügen über eine vollständige, 40 % über eine teilweise Dokumentation. Ein IT-Risikohandbuch ist dagegen in keinem Unternehmen vorhanden. Jeweils 15 % machten keine Angaben bzw. antworteten mit »Nein«. Ein weiteres Thema im Bereich der IT-Compliance ist die Frage, inwieweit das Unternehmen von Schlüsselpersonen in der IT abhängig ist. Hier ergab die Übertragung, dass mit steigender Unternehmensgröße die Wahrscheinlichkeit zunimmt, von Schlüsselpersonen abhängig zu sein. Allerdings ist mit 18,75 % der Anteil der Unternehmen, die von Schlüsselpersonen ganz oder teilweise abhängig sind, eher gering. Bedenklich ist hingegen, dass nur die Hälfte der abhängigen Unternehmen Maßnahmen zur Reduzierung dieser Abhängigkeit vorgesehen hat.

Im Rahmen des Ratings stellt die Kommunikation zwischen Bank und Unternehmen eine wichtige Voraussetzung dar. Im Hinblick auf das Thema IT-Sicherheit ist jedoch noch viel Nachholbedarf zu erkennen. Nur 25 % der befragten Unternehmen wurden von ihrer Bank regelmäßig zu einem Ratinggespräch gebeten, und nur ein Unternehmen von 20 wurde bereits einmal explizit von der Bank zum Thema IT-Sicherheit befragt. Aus Sicht der Unternehmen spielen für 30 % das Thema IT-Sicherheit im Rating keine Rolle, für 10 % nur eine geringe Rolle. 25 % halten es beim Rating für wichtig, 35 % machten keine Angaben.

3 Hinweise für die Ratingvorbereitung von Unternehmen

Insgesamt zeigt sich ein zwiespältiges Bild. Weder die befragten Banken noch Unternehmen befassen sich derzeit intensiv mit dem Thema IT-Sicherheit und damit auch nicht mit dem Thema IT-Compliance. Insbesondere das Fehlen einer Frage nach Abhängigkeiten von Schlüsselpersonen in der IT beim Bankenrating stimmt nachdenklich. Des Weiteren ist nicht ausgeschlossen, dass viel größere Abhängigkeiten bestehen, als dies von Unternehmen gesehen wird. Was passiert, wenn es zu einem größeren Systemausfall kommt, bei dem eventuell Mitarbeiter des Unternehmens zu Schaden kommen? Man denke an Worst-Case-Szenarien wie beispielsweise einen Brand, bei dem Mitarbeiter aus der IT verletzt werden. Wer ist dann in der Lage, die Systeme wieder zum Laufen zu bringen? Auch die Kommunikation zwischen Bank und Kunde ist sicherlich noch verbesserungsbedürftig. Das Argument einer ungünstigen Kosten-Nutzen-Relation bei der Betreuung kleiner Unternehmen mag zutreffen, dennoch sollten Banken ihre Position gegenüber dem Kunden dahingehend nutzen, dass sie auch Fragen nach der IT-Sicherheit stellen, und damit zu einer Sensibilisierung für dieses Thema beitragen.

Welche Empfehlungen lassen sich für kleine und mittlere Unternehmen ableiten? Zur Verbesserung der Ratingnote sollten Unternehmen aktiv in einen Dialog mit ihrer Bank eintreten. Da kleine und mittlere Unternehmen traditionell ihre Hausbank im Bereich Sparkassen oder Genossenschaftsbanken finden (so auch überwiegend die hier befragten Unternehmen), ist davon auszugehen, dass auf absehbare Zeit keine expliziten Fragen nach der IT-Qualität gestellt werden. Andererseits ist die Wahrscheinlichkeit sehr hoch, dass durch eine offensive Darstellung des Themas IT-Compliance gegenüber der Bank das Rating verbessert werden kann. Hier sind die Unternehmen aus den oben genannten Gründen derzeit wohl in der Bringschuld.

Des Weiteren sollte im Interesse des Erhalts der eigenen Wettbewerbsfähigkeit langfristig eine Compliance-Kultur im eigenen Unternehmen etabliert werden. Auch kleine und mittlere Unternehmen können dies, ohne sich finanziell zu verausgaben, wie das folgende Beispiel zeigt.

Dabei sind es oft die auf den ersten Blick kleineren Themen, die die eigentliche Compliance- Problematik hervorrufen. Beispielhaft seien drei dieser Themen herausgegriffen:

- *Antiterror-Compliance:* Gemäß EU-Verordnung 2580/2001 sind Unternehmen verpflichtet, die Adressen ihrer Geschäftspartner im Hinblick auf mögliche Verbindungen zu Terrornetzwerken zu überprüfen. Werden – auch unwissentlich – Geschäfte mit verdächtigen Personen oder Unternehmen getätigt, besteht ein Haftungsrisiko für den Geschäftsführer. Hierbei stellt sich, wie auch bei anderen Compliance-Themen, die Frage, inwieweit sowohl den Geschäftsführern als auch den operativ verantwortlichen IT-Leitern bestehende Haftungsrisiken wirklich bewusst sind.
- *Digitaler Tacho:* Seit 2007 werden sämtliche relevanten Daten (Fahrzeiten, Geschwindigkeiten usw.) erfasst und bis zu vier Wochen abrufbar gehalten. So lassen sich beispielsweise Verstöße gegen Geschwindigkeitsbegrenzungen oder eine Überschreitung der Lenkzeiten im Nachhinein problemlos erfassen. Auch hier dürfte nicht immer bekannt sein, dass die jeweiligen Fuhrparkleiter persönlich haftbar gemacht werden können.
- Ähnlich sieht es beim Thema *Datenarchivierung gemäß GDPdU* aus. Zum heutigen Stand ist davon auszugehen, dass zumindest bei mittelständischen deutschen Unternehmen das Bewusstsein für Haftungsrisiken sehr gering ausgeprägt ist. Eine spontane Umfrage unter circa 50 IT-Leitern im Rahmen eines Workshops zum Thema IT-Compliance ergab, dass lediglich zwei Unternehmen Datenarchivierung gemäß GDPdU betrieben. Bei der E-Mail-Archivierung nach GDPdU, die ein eigenes Thema darstellt, dürften ebenfalls nicht mehr als circa 5 % der mittelständischen Unternehmen gut aufgestellt sein. Tatsächlich ist es nicht ganz einfach, einen passenden Anbieter zu finden. Selbst große, bekannte IT-Serviceprovider können mit dem Thema nicht immer etwas anfangen, vor allem, wenn sie nicht zu einer US-amerikanischen Firma gehören.

4 Best-Practice-Beispiel

Im Folgenden soll die Compliance-Strategie des mittelständischen Unternehmens Dambach-Werke GmbH, Gaggenau, dargestellt werden. Das im Bereich Verkehrsleitsysteme und der Verkehrstechnik tätige Unternehmen mit Tochtergesellschaften in Großbritannien, in den USA und Brasilien erzielte im Geschäftsjahr 2006 einen Umsatz von 87 Millionen Euro mit rund 600 Mitarbeitern. Neben Wechselverkehrszeichen und Verkehrsleitsystemen zählen Lichtsignal- und Verkehrsbeeinflussungsanlagen zum Produktportfolio des Unternehmens. In Deutschland und in England zählt Dambach zudem zu den wichtigsten Anbietern von Parkleitsystemen.

Die rund 600 Mitarbeiter der Dambach-Gruppe sind auf 11 Standorte verteilt. Insgesamt sind etwa 600 PCs/Laptops sowie 200 Drucker zu administrieren. Von den insgesamt 550 PC-Benutzern zählen etwa 155 zu den Nutzern eines ERP-Systems.

Das Unternehmen nimmt das Thema IT-Compliance sehr ernst. Bereits seit mehreren Jahren werden im Rahmen der Compliance-Strategie des Unternehmens systematisch Maßnahmen eingeführt, die letztlich in einem IT-Risikomanagementsystem nach State-of-the-Art mündeten. Dabei gilt es, den schwierigen Spagat zwischen immer höheren Anforderungen an die IT-Sicherheit und dem Druck zur Kostenreduzierung im Bereich der IT-Personalkosten zu meistern. So schrumpfte die Zahl der Techniker innerhalb von 5 Jahren von

11 auf 6. Neben 2 ERP-Betreuern und 2 Technikern sind heute 1 Entwickler sowie 1 IT-Leiter tätig.

4.1 Outsourcing als Grundlage

Diese hohen Anforderungen sind nur dadurch zu bewältigen, dass sich Dambach verstärkt für eine Outsourcing-Strategie entschieden hat – ein Weg, der mangels geeigneter Ressourcen für die meisten kleinen und mittleren Unternehmen zu empfehlen ist. Einen weiteren Pfeiler innerhalb der IT-Strategie stellt der Trend zur Standardisierung dar. So wurde bereits vor einigen Jahren entschieden, für das Gesamtunternehmen nur noch einen Hardwareanbieter zuzulassen, mit dem die Preise zum Teil direkt ausgehandelt werden. Aufgrund der entsprechend höheren Einkaufsvolumina lassen sich somit erhebliche Mengenrabatte realisieren. Sämtliche PCs des Unternehmens werden inzwischen geleast. Im Rahmen der Leasingverträge werden ausschließlich von den Vertragspartnern komplett eingerichtete Geräte abgenommen. Sowohl für die Bereitstellung der Geräte als auch für den laufenden Support wurden monatliche Festpreise pro Gerät vereinbart. Das Gleiche gilt für die ERP-Arbeitsplätze.

Vor dem Hintergrund der Anforderungen an die IT-Sicherheit hat Dambach inzwischen sämtliche Drucker und weitere Peripheriegeräte komplett outgesourct. Hier hat man sich ebenfalls für ein Leasingmodell entschieden. Anstelle von bisher drei Geräten (Drucker, Fax, Scanner) werden nun Multifunktionsgeräte eingesetzt. Durch eine geschickte Neudefinition der Arbeitsabläufe und IT-Services konnten in Verbindung mit der Standardisierungsstrategie deutliche Prozesskosteneinsparungen erzielt werden.

Die Realisierung der IT-Compliance bei den Dambach-Werken wird somit auch durch Outsourcing-Lösungen mit entsprechenden Service Level Agreements (SLAs) getragen, verbunden mit der Einrichtung eines systematischen IT-Sicherheitsmanagements, mit dem die kritischen IT-Risiken im Unternehmen erfasst, bewertet und bewältigt werden. Vor dem Hintergrund der Frage »Wie hoch ist der Wertschöpfungsanteil der IT in unserem Unternehmen?« sowie der Frage nach dem Worst Case wurde in den Dambach-Werken als Leitlinie der Risikomanagementstrategie die Redundanz der vorhandenen geschäftskritischen Systeme und damit das Continuity Management betrachtet.

4.2 Die IT-Compliance der Dambach-Werke GmbH im Überblick

Interne und externe IT-Dienstleistungen auf Basis von Service Level Agreements

- *PC-Support*
  Installation/Support von PC, Netzwerk, Mail, Web, FTP und Patchmanagement
  Backup/Restore, Fileserver-Betrieb,
  User-Support
- *ERP-Support*
  Betrieb/Support von Hardware, UNIX und ERP-System inkl. GDPdU-Archiv
- *AnBu*
  Anlagenbuchhaltung für ERP-Anwender
- *Mail-Archiv*
  Mail-Archiv-Appliance GDPdU-konform
- *Antiterror-Compliance*
  Appliance zur Adressenprüfung gem. EU-Verordnung 2580/2001
- *GenoCash*
  Cashmanagementsystem für IT-gestützte Finanzdispositionen

IT-Sicherheit

- Doppeltes RZ in der Zentrale
- Trennung Echtdaten/Backup
- Alle kritischen Systeme redundant
- Hoher Virtualisierungsgrad
- DIN EN ISO 9001 : 2000 zertifiziert
- Regelmäßige IT-Sicherheitsprüfung durch WP

IT-Compliance

- GDPdU-konforme ERP-Daten-Archivierung
- GDPdU-konforme E-Mail-Archivierung

- Adressprüfung gemäß Antiterror-Verordnung 881/2002 nach EU-Recht
- Datensicherheit gemäß BDSG
- System zur Archivierung digitaler Tachodaten gemäß EG-Verordnung 561/2006

Was bringt nun die Etablierung einer IT-Compliance im Unternehmen? Die Dambach-Werke ziehen ein positives Fazit. Im Rahmen der Bearbeitung des Compliance-Themas wurden einige Risiken innerhalb der IT aufgedeckt, derer man sich vorher nicht bewusst war. Die Konzentration auf SLAs führte nicht nur zu mehr Transparenz und stabileren Abläufen, sondern auch zu einer deutlichen Kostenersparnis. Letztlich kann so auch die IT-Abteilung ihre Daseinsberechtigung noch überzeugender an die Geschäftsführung kommunizieren.

5 Schlussfolgerungen

Es bleibt festzuhalten, dass es noch viel Forschungs- und Diskussionsbedarf zum Thema IT-Compliance im Mittelstand gibt. Die Strategie des Outsourcings empfiehlt sich als Mittel der Wahl, um Compliance-gerechte IT-Strukturen zu schaffen. Die Themen IT-Governance und IT-Servicemanagement mit ITIL, und damit die CobiT- bzw. ITIL-Konformität, spielen derzeit im Bankenrating keine Rolle. Beides kann aber weitere Ansatzpunkte für die Etablierung einer Compliance-Kultur im Mittelstand darstellen. Inwieweit z.B. ITIL hilfreich ist, hängt stark vom Komplexitätsgrad der Unternehmens-IT ab. Sofern starke Abhängigkeiten zwischen IT-Teilsystemen im Unternehmen bestehen, kann ITIL durchaus auch in kleineren Unternehmen mit wenigen PC-Arbeitsplätzen eine sinnvolle Option darstellen. Insbesondere im Zusammenhang mit dem Thema Outsourcing oder der Beschäftigung von externen IT-Servicedienstleistern wird ITIL an Bedeutung gewinnen, da ITIL-basierte Strukturen mehr Transparenz ermöglichen und auch die Abrechnungsmodalitäten mit externen Dienstleistern verbessern können.

Warum wird das Thema IT-Compliance im deutschen Mittelstand derzeit nicht intensiver hinterfragt? Im Gegensatz zu den USA wird hierzulande das Einhalten der gesetzlichen Vorgaben weniger genau überprüft. So ist davon auszugehen, dass der größte Teil der kleinen und mittleren deutschen Unternehmen die gesetzlichen Anforderungen in einem oder mehreren IT-Bereichen nicht erfüllt. Im Gegensatz zu den USA scheinen die Folgen einer solchen Verhaltensweise weitaus weniger gravierend zu sein. Insbesondere zeichnet sich momentan nicht ab, dass Unternehmen erhebliche finanzielle Nachteile durch das Nichtbeachten gesetzlicher Vorgaben haben. Aufgrund der Spezifika des deutschen Rechtssystems ist nicht damit zu rechnen, dass, anders als in den USA, im Zuge von Schadensersatzklagen gegen Unternehmen geprüft wird, inwieweit Dokumentations- und Archivierungspflichten erfüllt wurden. Selbst wenn dies geprüft würde, wären die Folgen für die Unternehmen erheblich geringer als in den USA, wo Forderungen in Millionenhöhe gerichtlich durchgesetzt werden.

Ein großes Problem für kleinere Unternehmen ist das mangelnde Wissen über die effiziente Umsetzung von Referenzmodellen und Standards. Selbst IT-Leiter klagen darüber, dass es immer schwieriger wird, die richtigen Entscheidungen zu treffen. Dies liegt auch daran, dass die Zeiten überschaubarer Mainframe-Architekturen vorbei sind und diese durch dezentrale Systeme abgelöst worden sind. Hinzu kommen sich ständig beschleunigende Technologiezyklen, die die Etablierung einer Compliance-Kultur nicht erleichtern.

6 Literatur

[Exagon 2008] *www.econet.de/presse/archiv/econet_PM_EuroSOX_07-08.pdf*; Zugriff am 20.08.2008.

[PWC 2006] *www.iconomy.de/meldungen/detail/pwc-studie-zeigt-nicht-einmal-jede-zweite-deutsche-firma-ist-auf-angriffe-von-hackern-und-viren-aus/*; Zugriff am 20.08.2008.

[Spiegel 2008] *www.spiegel.de/wirtschaft/0,1518,558274,00.html*; Zugriff am 20.08.2008.

Prof. Dr. Gabriele Schäfer
Hochschule Heilbronn
Max-Planck-Str. 39
74081 Heilbronn
schaefer@hs-heilbronn.de
www.hs-heilbronn.de

Günter Strolz
Dambach-Werke GmbH
Adolf-Dambach-Str.
76571 Gaggenau
edv_strolz@dw.dambach.de
www.dambach.de

Prof. Dr. Dieter Hertweck
Institut für Electronic Business
Max-Planck-Str. 39
74081 Heilbronn
hertweck@hs-heilbronn.de
http://ifeb.hs-heilbronn.de

Aleksandra Sowa

IT-Sicherheit durch Zugriffs- und Zugangskontrollen

Zugriffs- und Zugangskontrollen zählen zu den komplexesten IT-Kontrollen und sind als tragende Säule des internen Kontrollsystems eine wichtige Voraussetzung für die Erreichung der IT-Compliance. Ob im SOX oder in den nationalen Gesetzen und Normen – der Gesetzgeber beschränkt sich hauptsächlich auf die Vorgaben bezüglich der Notwendigkeit von Kontrollen und die Festlegung der Verantwortung für ihre effektive Implementierung. In Fragen der Implementierung wird oft auf die »gängigen Standards« verwiesen. Die in dem Artikel aufgezeigte Vorgehensweise für die Gestaltung der Zugangs- und Zugriffskontrollen orientiert sich daher stark an den internationalen und nationalen Standards, wie ISO- und IDW-Standards. Dieser Ansatz hat den Vorteil gegenüber anderen Methoden, dass er eine Konformität mit dem »state of the art« gewährleisten kann, und damit eine relative Sicherheit, nicht an den Aktualisierungsanforderungen vorbei zu agieren.

Inhaltsübersicht

1 Compliance-Anforderungen an die Informationssicherheit – eine Übersicht

Eine Reihe von nationalen und internationalen Gesetzen, Rechtsnormen und Rechtsverordnungen regelt den Einsatz und den Umgang mit der Informationssicherheit in Unternehmen und Organisationen. In einer der aktuell einflussreichsten regulatorischen Vorgaben, dem Sarbanes-Oxley Act (SOX), kommen die Begriffe »information security« oder »computer« zwar gar nicht vor, trotzdem gilt dieses Gesetz als ausschlaggebender Wegweiser für die Gestaltung der IT-Sicherheit in der Unternehmenspraxis weltweit, wenn es um den Umgang mit den rechnungslegungsrelevanten Daten geht [Herrmann 2007].

Je mehr die Informationstechnologie (IT) alle Unternehmensprozesse durchdringt, desto stärker steigt auch die Abhängigkeit der Unternehmensergebnisse von der IT. Somit wird die IT-Compliance zur wesentlichen Voraussetzung für die Corporate Compliance. Der Informationssicherheit kommt dabei eine besondere Rolle zu. Damit sind vorrangig diese IT-Kontrollen gemeint, die mittelbar oder unmittelbar für die Finanzberichterstattung eine Rolle spielen, darunter logische Zugriffskontrollen, Verschlüsselung, Nichtabstreitbarkeit, Identifizierung und Authentifizierung, Sicherheitsmanagement (ISMS) etc. Informationssicherheit ist die Voraussetzung, um IT-Compliance zu erreichen und nachhaltig sicherzustellen.

Der Sarbanes-Oxley Act nimmt die Unternehmensleitung in die Verantwortung für die Vollständigkeit und Richtigkeit der Angaben in der Finanzberichterstattung. In der Section 404 schreibt er die Notwendigkeit der Implementierung eines internen Kontrollsystems vor, das aus den Kernelementen *control environment, risk assessment procedures, control activities, information and communication* und *monitoring* besteht [COSO 1992]. Dabei genügt die reine Einhaltung der Gesetze und regulatorischen Vorgaben nicht, um IT-Compliance zu erreichen, sondern es muss auch ein expliziter Nachweis über die implementierten Kontrollen und ihre Effektivität (Wirksamkeit) gegenüber Dritten erbracht werden.

2 Anforderungen an das Zugriffsberechtigungssystem

Zu den tragenden IT-Kontrollen zählen Zugriffs- und Zugangskontrollen, Archivierung und Verschlüsselung [ITGI 2005]. Die besondere Rolle des Zugriffs- und Zugangskontrollsystems (Access Control System) beruht auf der Tatsache, dass diese Kontrollen eine wichtige Voraussetzung für zahlreiche andere IT-Kontrollen bilden. So wird u.a. von den Unternehmen bzw. Organisationen gefordert, ein Access Control System zu etablieren, um Zugriff auf Daten und Informationen zu reglementieren. Das Datenklassifikationsschema sowie die Rollendefinition sind dabei die zentrale Voraussetzung für die Gestaltung dieser Kontrollen. Die Gestaltung und die Auswahl geeigneter Maßnahmen im Rahmen eines Zugriffsberechtigungssystems bleiben den Unternehmen überlassen. In Deutschland hat sich der Gesetzgeber auch hauptsächlich auf die Definition der Rahmenbedingungen (wie Haftungspflichten) beschränkt und verweist in Fragen der Implementierung oft auf die »gängigen Standards«.

3 Das gesetzliche und regulatorische Regelwerk

3.1 Grundlagen der DV-Buchführung

In Deutschland haben die gesetzlichen Voraussetzungen für eine Buchführung, die auf Datenträgern geführt wird (sog. DV-Buchführung), ihren Ursprung in zwei Quellen:

1. Handelsgesetzbuch, konkret § 239 Abs. 1 HGB:
   »Bei der Führung der Handelsbücher und bei den sonst erforderlichen Aufzeichnungen hat sich der Kaufmann einer lebenden Sprache zu bedienen. Werden Abkürzungen, Ziffern, Buchstaben oder Symbole verwendet, muß im Einzelfall deren Bedeutung eindeutig festliegen.«
2. Abgabenordnung, konkret §146 Abs. 5 AO:
   »Die Bücher und die sonst erforderlichen Aufzeichnungen können auch in der geordneten Ablage von Belegen bestehen oder auf Datenträgern geführt werden, soweit diese Formen der Buchführung einschließlich des dabei angewandten Verfahrens den Grundsätzen ordnungsmäßiger Buchführung entsprechen; bei Aufzeichnungen, die allein nach den Steuergesetzen vorzunehmen sind, bestimmt sich die Zulässigkeit des angewendeten Verfahrens nach dem Zweck, den die Aufzeichnungen für die Besteuerung erfüllen sollen. Bei der Führung der Bücher und der sonst erforderlichen Aufzeichnungen auf Datenträgern muss insbesondere sichergestellt sein, dass während der Dauer der Aufbewahrungsfrist die Daten jederzeit verfügbar sind und unverzüglich lesbar gemacht werden können. […].«

Der Gesetzgeber macht damit klar, dass Unternehmen bzw. Organisationen Handelsbücher, Bücher und die erforderlichen Aufzeichnungen in elektronischer Form führen können, sobald sie hinsichtlich ihrer Form und Verfahren den Vorgaben der Grundsätze ordnungsmäßiger Buchführung (GoB) entsprechen. Die Präzisierung der GoB hinsichtlich der elektronischen Buchführung erfolgt in den Grundsätzen ordnungsmäßiger DV-gestützter Buchführungssysteme (GoBS). Diese werden im Folgenden detailliert erläutert.

3.2 Zugriffs- und Zugangskontrollen im Kontext rechnungslegungsrelevanter Daten

Warum braucht ein Unternehmen ein wirksames Zugriffs- und Zugangskontrollsystem? Gemäß GoBS stehen dabei der Schutz und die Sicherheit der auf den Datenträgern gespeicherten, für die Buchführung relevanten Informationen im Vordergrund. Zudem fordert der Gesetzgeber die Unternehmen auf, auch weitere Informationen, an deren Sicherung und Schutz das Unternehmen ein Eigeninteresse hat oder dies aufgrund anderer Rechtsgrundlagen (Datenschutzgesetze, TMG etc.) erforderlich ist, zu schützen und zu sichern (GoBS, Tz. 5.2).

Die Kontrollen und Maßnahmen, die die Unternehmen ergreifen sollen, dienen dabei hauptsächlich den folgenden Zielen:

- die Informationen gegen Verlust zu sichern und
- gegen unberechtigte Veränderung zu schützen.

Über die Anforderungen des GoBS hinaus sind die sensiblen Informationen des Unternehmens auch gegen unberechtigte Kenntnisnahme zu schützen (siehe Abschnitt 3.4).

Die wirksamen Zugriffs- und Zugangskontrollen werden von den Unternehmen hauptsächlich zum Schutz der Informationen gegen unberechtigte Veränderungen gefordert und sollen also die Vollständigkeit und Integrität der Daten gewährleisten. Die Zugriffsberechtigungskontrollen sind gemäß GoBS so zu gestalten, dass nur berechtigte Personen in dem ihren Aufgaben entsprechenden Umfang auf Programme und Daten zugreifen können. Dies setzt eine genaue Rollendefinition voraus. Es muss dabei erkennbar sein, dass die Information tatsächlich von demjenigen stammt, gelöscht oder geändert wurde, der sich als Nutzer bzw. Urheber ausgegeben hat – d. h., dass die Authentizität von Informationen ebenfalls gewährleistet werden muss. Ebenfalls wichtig sind die Zugangskotrollen, mit denen der Zugang zu den Rechnern (Hardware) und den Räumlichkeiten, in denen die Datenträger aufbewahrt werden, reglementiert werden soll (GoBS, Tz. 5.5.1).

3.3 Exkurs: Rechnungslegungsrelevante Daten – Begriffseingrenzung

An diese Stelle sei ein kurzer Exkurs erlaubt, um eine Präzisierung der Begriffe »rechnungslegungsrelevante Daten« und »Informationen« für die vorliegende Ausführung vorzunehmen.

Der Begriff Rechnungslegung beschreibt im weiteren Sinne die Rechenschaftslegung über eine mit Einnahmen und Ausgaben verbundene Betriebsführung[1]. Im engeren Sinne handelt es sich dabei um die Aufstellung und Veröffentlichung des Jahresabschlusses, insbesondere von Bilanz, Gewinn- und Verlustrechnung, sowie des Lageberichts[2]. Wird zur Abwicklung dieser Geschäftsprozesse im Rechnungswesen Informationstechnologie eingesetzt, spricht man gemäß IDW RS FAIT 1 von »DV-gestützter« Rechnungslegung [IDW 2002b]. Auch wenn diese Konkretisierung vermuten lässt, dass es in der Unternehmenspraxis auch Daten geben muss, die nicht rechnungslegungsrelevant sind, gibt es heute kaum noch IT-Systeme, die sich nicht – mittelbar oder unmittelbar – mit rechnungslegungsrelevanten Inhalten befassen. Man nehme als Beispiel das Arbeitszeiterfassungssystem, das allem Anschein nach keinen direkten Bezug zur Rechnungslegung hat. In das System wird oftmals eine elektronische Erfassung und Berechnung des Jahresresturlaubs integriert. Diese Daten fließen ebenfalls in das

1. Vgl. § 259 Abs. 1 BGB.
2. Vgl. § 242 ff. HGB.

Buchführungssystem, da für den aufs Folgejahr übertragenen Jahresurlaub Rücklagen gebildet werden müssen. An diesem Beispiel sieht man leicht, dass es heute kaum noch Daten und Systeme gibt, die gänzlich nicht rechnungslegungsrelevant sind.

Als »Informationen« werden gemäß GoBS (Tz. 5.2), in Abgrenzung zum Begriff »Daten«, die Software (Betriebssystem, Anwendungsprogramme), die Tabellen- und Stammdaten, die Bewegungsdaten (z. B. die Daten eines Geschäftsvorfalls) sowie die sonstigen Aufzeichnungen bezeichnet. Alle Daten und Informationen sind zu sichern und zu schützen.

3.4 Zugriffs- und Zugangskontrollen im Kontext personenbezogener Daten

Natürlich sind SOX, GoBS oder MaRisk nicht die einzigen regulatorischen Vorgaben, die durch die Implementierung eines effektiven Zugriffs- und Zugangsberechtigungssystems erfüllt werden können. Neben dem Schwerpunkt der rechnungslegungsrelevanten Daten, die infolge von Korruptionsskandalen im In- und Ausland eine starke Aufmerksamkeit der Gesetzgeber erlangt haben, gewinnt ein weiterer Aspekt immer stärker an Bedeutung: der Datenschutz.

In Deutschland sind es das Bundesdatenschutzgesetz (BDSG) sowie eine Reihe von Landesdatenschutzgesetzen, die den Umgang mit personenbezogenen Daten regeln. Unternehmen, die selbst oder im Auftrag personenbezogene Daten erheben, verarbeiten oder nutzen, haben gemäß § 9 Bundesdatenschutzgesetz (BDSG) die technischen und organisatorischen Maßnahmen zu treffen, die erforderlich sind, um die Anforderungen der Grundrechte auf »informationelle Selbstbestimmung« zu gewährleisten.

Im BDSG wird so u.a. die Notwendigkeit von Zugriffskontrollen dargelegt. Werden personenbezogene Daten automatisiert verarbeitet oder genutzt, ist die innerbetriebliche Organisation so zu gestalten, dass sie den besonderen Anforderungen des Datenschutzes gerecht wird. Dabei sind insbesondere Maßnahmen zu treffen, die je nach Art der zu schützenden personenbezogenen Daten oder Datenkategorien geeignet sind zu gewährleisten, dass die zur Benutzung eines Datenverarbeitungssystems Berechtigten ausschließlich auf die ihrer Zugriffsberechtigung unterliegenden Daten zugreifen können und dass personenbezogene Daten bei der Verarbeitung, Nutzung und nach der Speicherung nicht unbefugt gelesen, kopiert, verändert oder entfernt werden können. Diese Forderung verdeutlicht nochmals die Wichtigkeit des Datenklassifizierungsschemas und einer angemessenen Berücksichtigung der personenbezogenen Daten bei der Definition von Sicherheitsstufen (siehe Tab. 2).

4 Relevante Standards

Mit der Veröffentlichung der GoB bzw. der GoBS hat der Gesetzgeber klare Rahmenbedingungen geschaffen. In Bezug auf die Gestaltung und die Auswahl geeigneter Maßnahmen für ein Zugriffsberechtigungssystem verweist der Gesetzgeber indirekt auf die gängigen Standards: »Wie im Einzelnen von den Unternehmen die erfolgreiche Datensicherheit hergestellt und auf Dauer gewährleistet werden kann, ist von den im Einzelfall gegebenen technischen Bedingungen sowie den sich aus diesen ergebenden Möglichkeiten abhängig« (GoBS, Tz. 5.5). So werden die Unternehmen darauf hingewiesen, sich an dem vom jeweils gegebenen Stand der EDV-Technik abhängigen Maß an Datensicherheit auszurichten und das Datensicherheitskonzept den jeweils aktuellen Anforderungen und Möglichkeiten anzupassen (GoBS, Tz. 5.6). In Form von Standards und Normen wurden weitgehend erprobte »best practices« installiert, die bei der Festlegung der Vorgehensweisen – des »Wie« – hinzugezogen werden können. Die Akzeptanz und Anwendung dieser Standards bedeutet eine Konformität mit dem aktuellen Stand der Technik und damit eine relative Sicherheit, nicht an den Aktualisierungsanforderungen vorbei zu agieren. Zu solchen, für die Access Controls relevanten Standards zählen u.a. die ISO- und IDW-Standards.

4.1 Standards der ISO

Für die Umsetzung der Access Controls sind Vorgaben und Standards unverzichtbar, um ein ausreichendes Niveau über alle Unternehmen und Organisationen hinweg zu erreichen. Als solche haben sich hauptsächlich die Standards der International Organisation for Standardization (ISO), konkret der ISO 17799:2005 [ISO 2005a] sowie der ISO 27001:2005 [ISO 2005b], etabliert. In Deutschland – und schrittweise ebenfalls in der EU insgesamt – gewinnen die Standards des Bundesamtes für Sicherheit in der Informationstechnik (BSI), wie das Grundschutzhandbuch bzw. der BSI-Standard 100-1 »Managementsysteme für Informationssicherheit (ISMS)«, ebenfalls an Bedeutung. Der BSI-Standard 100-1 ist dabei vollständig zum ISO-Standard 27001 kompatibel [BSI 2005][3].

Die Implementierung von Zugangs- und Zugriffskontrollen ist ein komplexes Unterfangen. Deshalb gliedert die ISO das Thema in einzelne Kontrollziele, die erst in ihrer Gesamtheit das Access Control System bilden. Auch hier gilt: Die Maßnahmen sind je nach den im Einzelfall gegebenen technischen Bedingungen zu wählen. Lässt das Geschäftsmodell und die IT eines Unternehmens keine Telearbeitsplätze zu, müssen

3. BSI. 2005. BSI-Standard 100-1. Managementsysteme für Informationssicherheit (ISMS) – Version 1.0.

Relevante Gebiete	Kontrollen
Geschäftsanforderung an Access Control	Access Control Policy (Richtlinie)
Nutzerverwaltung	Nutzerregistrierung Verwaltung von Privilegien Passwortmanagement Review der Nutzerrechte
Pflichten der Nutzer	Passwortnutzung Unattended user equipment Clear-Screen-Richtlinien (Sichtschutz, Screensaver etc.)
Netzwerkzugriffskontrollen	Richtlinien zur Nutzung der Services Authentifizierung für externen Zugriff Geräteidentifizierung im Netzwerk Schutz des Remote-Ports für Konfigurationen etc. Segregation in Netzwerken (z. B. IP-Switching) Verbindungskontrollen Routing-Kontrollen
Zugriffskontrollen auf Betriebssysteme	Secure log-on Nutzeridentifizierung und -authentifizierung Passwortmanagementsystem Nutzung der System-Utilities Session time-out Begrenzung der Verbindungszeit
Applikations- und Informationszugriffskontrollen	Beschränkung des Zugriffs auf Informationen Isolation von sensiblen Systemen
Mobile Computing und Teleworking	Mobile Computing und mobile Kommunikation Teleworking

Tab. 1: Topologie der Zugriffsberechtigungskontrollen gemäß ISO 27001 [ISO 2005b]

auch keine entsprechenden Kontrollen implementiert werden.

Die absolute Voraussetzung für die Implementierung der Zugangs- und Zugriffskontrollen ist – wie bei fast allen Aspekten der IT-Sicherheit – eine entsprechende Access Control Policy. Gemäß ISO 17799 erwartet man von der Policy, dass sie ein klares Statement über die Geschäftsanforderungen macht, die durch die Access Controls erfüllt werden sollen – denn Zugriffskontrollen sind kein Selbstzweck. Insbesondere soll die Policy folgende Angaben umfassen: Sicherheitsanforderungen (Schutzbedarf), Grundsätze wie Datenklassifikationsschemata, Security-Levels oder Zugriffsregeln (z. B. *need-to-know principle, principle of least privilege*), relevante gesetzliche, vertragliche und regulatorische Vorgaben bzgl. des Zugriffs auf Daten und Services. Ebenso werden in der Policy die Benutzerprofile und Rollen in der Organisation definiert.

Eine weitere Aufgabe der Policy ist es, die Rollen im Prozess der Zugriffsberechtigungsverwaltung sowie die formellen Rahmenbedingungen für die Erteilung und Löschung der Zugriffsrechte zu definieren. Zudem soll sie die Forderung nach regelmäßigen Auswertungen der Zugriffskontrollen beinhalten. Eben diese Auswertungen sind als integraler Bestandteil des Überwachungs- bzw. Monitoring-Systems ausschlaggebend für die IT-Compliance. Hier steht nicht die Einhaltung bestimmter Vorgaben im Mittelpunkt, sondern der explizite Nachweis darüber gegenüber Dritten – gemäß der Vorgehensweise *say what you do – do what you say – provide evidence* [COSO 2007].

Die Access Control Policy soll im Unternehmen etabliert, dokumentiert und regelmäßig überprüft werden, um den jeweils aktuellen Geschäfts- und Sicherheitsanforderungen gerecht zu werden. Daher ist es sinnvoll, die Grundsätze für die Zugriffskontrollen in das Sicherheitskonzept (Security Policy) zu integrieren.

4.2 COSO und Prüfungsstandards des IDW

Die heterogene Vorgehensweise der Unternehmen bei der Überwachung der Kontrollen war für das Committee of Sponsoring Organisations of the Treadway Commission (COSO) Anlass, klare und einheitliche Vorgaben für das Monitoring zu definieren. Im Monitoring-Prozess und bei der Beurteilung der Wirksamkeit des Kontrollsystems spielt die Interne Revision (neben den Abschlussprüfern) eine immer wichtigere Rolle [Anand 2006]. Zwar wird im SOX die Interne Revision (IR) nicht explizit erwähnt, aber trotzdem ergeben sich aus dem Gesetzestext neue Aufgaben für die IR. Ihre Bedeutung wächst mit der Forderung von Prüfungen der Ordnungsmäßigkeit und der Einhaltung von Compliance-Vorschriften.

Aus diesem Grund kann es im Hinblick auf die IT-Compliance sinnvoll sein, bei der Implementierung des Zugriffsberechtigungssystems ebenfalls die Vorgaben aus den Prüfungsstandards des Instituts der Wirtschaftsprüfer (IDW) zu berücksichtigen. Einige wertvolle Hinweise zur Durchführung einer Prüfung der Zugriffsberechtigungen – und zugleich zur Erbringung eines »expliziten Nachweises gegenüber Dritten« – liefern der IDW PS 330, Tz. 57 ff. sowie IDW RS FAIT1, Tz. 84.

So steht gemäß IDW PS 330 bei der Prüfung der Ordnungsmäßigkeit von Access Controls die Implementierung eines »organisatorischen Verfahrens« zur Beantragung, Genehmigung und Einrichtung von Benutzerberechtigungen in IT-Systemen auf Betriebssystem- und Anwendungsebene im Fokus der Prüfer (Berechtigungsverwaltung). Zugriffskontrollen werden als angemessen beurteilt, wenn sie geeignet sind sicherzustellen, dass:

- die Berechtigungsverwaltung und die eingerichteten Systemrechte den Festlegungen im Sicherheitskonzept entsprechen und
- damit unbefugte Zugriffe auf Daten sowie Programmabläufe zur Veränderung von Daten ausgeschlossen sind [IDW 2002a].

Aus dem Prüfungsstandard resultiert die Anforderung, dass (1) ein Sicherheitskonzept vorhanden ist und (2) in dem Konzept Vorgaben zu der Handhabung der Access Controls (Einrichtung, Änderung, Entziehung, Sperrung von Berechtigungen), Protokollierung sowie Angaben hinsichtlich der Gestaltung der Passwörter festgelegt sind [IDW 2002b]. Des Weiteren muss das Access Control System so ausgestaltet sein, dass die Identität des Benutzers eindeutig feststellbar ist und nicht autorisierte Zugriffe abgewiesen (und auch protokolliert) werden. Den Mitarbeitern sollen also nur die Berechtigungen erteilt werden, die zur Wahrnehmung ihrer Aufgaben notwendig sind, und alle Aktivitäten im Bereich Berechtigungsverwaltung sollen protokolliert werden [IDW 2002b].

Ob die tatsächlichen Abläufe mit den definierten Verfahren und unternehmensinternen Vorgaben übereinstimmen, wird im Rahmen der Prüfung der Wirksamkeit bewertet. Oft wird hierbei eine Stichprobenprüfung angewendet. Die Prüfungsergebnisse werden von der IR in einem Prüfungsbericht zusammengefasst. Wichtig ist, die Prüfungsergebnisse so darzustellen, dass die durchgeführten Arbeiten, festgestellten Mängel und Schlussfolgerungen für »sachverständige Dritte« nachvollziehbar sind[4]. Auf diese Weise leistet die IR einen Beitrag zur Erbringung von Nachweisen über die Wirksamkeit des Zugriffs- und Zugangskontrollsystems.

4.3 Beispiel für eine ordnungsmäßige Gestaltung der Access Control Policy

Wie bereits oben erwähnt, gehört das Datenklassifikationsschema zu den Grundlagen des Zugriffskontrollsystems. In dem folgenden Beispiel wird aufgezeigt, wie die Vorgaben zur Datenklassifizierung im Rahmen der Security Policy gestaltet werden können[5].

Das Thema Datenklassifizierung wird hier u.a. deshalb behandelt, weil laut Aussagen von Experten in vielen Unternehmen ein »unclear state« bezüglich des Eigentums sowie der daraus resultierenden Verantwortung für die Daten herrscht [Etges & McNeil 2006]. Hier ist eine klare Linie zwischen der IT, die hauptsächlich für die Pflege der Systeme und Applikationen verantwortlich ist, und dem tatsächlichen Erzeuger und Urheber der Daten zu ziehen. CobiT: »*Owners should determine disposition of and sharing of data, as well as whether and when programs and files are to be maintained, archived and deleted. Evidence of owner approval and data disposition should be maintained*« [ITGI 2003, DS 5.8]. Es ist somit die Pflicht der Eigentümer, die Daten entsprechend dem Datenklassifikationsschema zu klassifizieren (und dies sichtbar zu kennzeichnen).

Das Datenklassifikationsschema soll in der Security Policy integriert sein und eine klare Differenzierung zwischen den öffentlichen (public), sensiblen (sensitive), vertraulichen (confidential) und geheimen (secret) Daten[6] gemäß ihrer Kritikalität und Sensitivität artikulieren (siehe Tab. 2).

Die Zuordnung der Sicherheitsstufen ist dabei die Aufgabe des Datenurhebers.

Neben der Festlegung angemessener Sicherheitsstufen sind auch die Definition entsprechender Schutzmechanismen sowie eine Beschreibung der Vorgaben für die Datenaufbewahrung und -zerstörung, Kritikalität und Sensitivität Bestandteil des Datenklassifizierungsschemas (siehe Tab. 3). Die Datensicherheit muss für den gesamten Lebenszyklus gewährleistet sein, d. h., es müssen evtl. zusätzliche Maßnahmen und Kontrollen (Zugriffsberechtigungen und/oder Verschlüsselung) für die Archivierung der Daten nach der operativen Verwendung festgelegt werden. Vorschriften zur

4. MaRisk. 2005. BT 2.3.6 »Dokumentation und Aufbewahrung der Revisionsunterlagen«, Abs. 1.

5. Eine Erläuterung aller Bestandteile des Access Control System würde den Rahmen des Artikels sprengen.

6. Beispielhafte Klassifizierung, angelehnt an CobiT 4.0.

Classification Level / Sicherheitsstufen	Öffentlich (Public)	Sensibel (Sensitive)	Vertraulich (Confidential)	Geheim (Secret)
Definition	Informationen, die öffentlich zugänglich sein können.	Interne Informationen, die nicht für die Öffentlichkeit bestimmt sind. Informationen, die als »for internal/ business use only« und nicht als vertraulich (confidential) oder geheim (secret) klassifiziert wurden.	Informationen, die für eine bestimmte, vorab definierte Gruppe von Personen bestimmt sind. Bekanntgabe dieser Informationen kann zu Verlusten im operativen Geschäft oder in der Reputation führen. Finanzielle Verluste sind ebenfalls möglich, sind jedoch nicht essenziell für die Einstufung von Informationen als vertraulich (confidential). Beispiele für vertrauliche Informationen sind personenbezogene Daten, Kundendaten, Informationen über das Sicherheits- oder Zugriffs- oder Zugangssystem.	Informationen, die für eine sehr beschränkte, vorab definierte Gruppe von Personen bestimmt sind. Bekanntgabe dieser Informationen kann seriöse persönliche und/oder finanzielle Schäden verursachen. Beispiele für geheime (secret) Informationen sind Geschäftsgeheimnisse, strategische Wettbewerbsinformationen, personen- oder organisationsbezogene Informationen über Verschlüsselung und/oder Zugriffsmöglichkeiten, Sicherheitstechnologien.

Tab. 2: Datenklassifizierungsschema und Definition der Sicherheitsstufen

Vernichtung von Daten (nach dem Ablauf gesetzlicher Archivierungspflichten) – und dementsprechend die Verfahren zur Genehmigung, Änderung und Löschung von Sonderprivilegien für die mit der Aufgabe betrauten Mitarbeiter – sind ebenfalls in dem Schema festzulegen.

Classification Level Data-Lifecycle	Öffentlich (Public)	Sensibel (Sensitive)	Vertraulich (Confidential)	Geheim (Secret)
Ablage (Storage)	may[a]	should	should	must
Kommunikation (Communication)	may	should	must	must
Übertragung (Transfer)	may	should	must	must
Archivierung (Archive)	should	should	must	must
Vernichtung (Destruction)	must	must	must	must

a. Definition der Vorgaben »may«, »should«, »must« entsprechend RFC 2119 [Bradner 1997].

Tab. 3: Definition der Schutzmechanismen (hier: Zugriffs- und Zugangskontrollen)

Wird von der (externen oder internen) IT-Revision die Angemessenheit der Datenklassifizierungsschemata im Rahmen der Prüfung von Zugriffs- und Zugangsberechtigungen beurteilt, so wird nicht nur Compliance mit den regulatorischen Vorgaben und den Anforderungen Dritter oder das Auftreten und die Häufigkeit von Störfällen berücksichtigt. Zu den wichtigsten Risiken gehören auch unangemessene oder einfach falsch definierte Sicherheitsanforderungen sowie exzessive und inadäquate Investitionen in die IT-Kontrollen. Es kommt also auch bei der Datenklassifizierung und den Zugriffskontrollen auf die richtige Balance zwischen Risiken und Kosten an, d. h. auf eine Beurteilung, wie effizient die Sicherheitsziele Vertraulichkeit und Integrität erreicht werden.

5 Anwendungsbeispiel

Die hier aufgezeigte Vorgehensweise für die Gestaltung der Zugangs- und Zugriffskontrollen orientiert sich stark an den internationalen und nationalen Standards. Der Ansatz hat den Vorteil gegenüber anderen Methoden, dass er eine Konformität mit dem neuesten Stand (»state of the art«) gewährleisten kann, und damit eine relative Sicherheit, nicht an den Aktualisierungsanforderungen vorbei zu agieren. Die reine Einhaltung der Gesetze und der regulatorischen Vorgaben genügt entgegen der weitverbreiteten Meinung nicht, um IT-Compliance zu erreichen. Die Gesetze geben zwar vor, »was« und mit welcher Zielsetzung notwendig ist, überlassen aber das »Wie« den Unternehmen selbst und verweisen dabei auf die gängigen Standards. Die Ausrichtung der Implementierung des Access Control System, berechnet nach den ISO- und IDW-Standards, hat noch zwei weitere Vorteile. Erstens können mit einer Lösung die Forderungen aus mehreren Gesetzen erfüllt und somit (kostenseitig) Synergieeffekte erzielt werden. Zweitens berücksichtigen sie die Notwendigkeit, einen expliziten Nachweis über die implementierten Kontrollen vorweisen zu müssen, indem sie ihn zum integralen Bestandteil des Zugriffs- und Zugangkontrollsystems machen.

Ein solcher Nachweis kann beispielsweise im Rahmen einer Prüfung durch die Interne Revision erbracht werden. Die Prüfung der Ordnungsmäßigkeit und Compliance deckt selten alle Aspekte der Informationssicherheit ab, sondern richtet sich nach ausgewählten Schwerpunkten, die anhand einer Risikobewertung im Vorfeld der Prüfung bestimmt werden. Auch kann die Geschäftsleitung oder der Gesetzgeber das Unternehmen auffordern, die Effektivität einer bestimmten IT-Kontrolle im Hinblick auf die geltenden Gesetze und Standards zu bewerten und zu beurteilen. So kann entweder im Rahmen einer Sonderprüfung oder einer Funktionsprüfung von Teilaspekten der Informationssicherheit die Wirksamkeit der Zugriffskontrollen (Access Control) geprüft werden. Der Prüfungsschwerpunkt kann beispielsweise auf die HR-Systeme (hier z. B. insbesondere das Lohnabrechnungssystem) gelegt werden, also Systeme und Applikationen, die personenbezogene Daten verarbeiten. Solche Daten sind gemäß Datenklassifizierungsschema als »vertraulich« zu behandeln und als solche zu kennzeichnen (siehe Tab. 2). Zugriff (Lese- und Schreibrechte) zu den Lohnabrechungssystemen darf demnach nur einer bestimmten, vorab definierten Gruppe von Mitarbeitern eingeräumt werden. Diese Rechte sind in den Rollen festzulegen. Folgende Fragen müssen im Rahmen der Prüfung beantwortet werden:

1. Wurden das Lohnabrechnungssystem und die darin enthaltenen Daten der entsprechenden Datenschutzklasse zugeordnet (vgl. Tab. 2)?
2. Sind die geeigneten Schutzmaßnahmen für die Ablage, Übertragung, Kommunikation, Archivierung und Vernichtung der Daten umgesetzt worden (vgl. Tab. 3)? Die Zugriffskontrollen sind für alle Stufen im Data-Lifecycle (bis auf die Ablage) Pflicht.

3. Sind die Zugriffsrechte in den Rollendefinitionen angemessen berücksichtigt worden bzw. entsprechen die Zugriffsrechte den tatsächlichen Mitarbeiteraufgaben (bspw. Mitnahme der Berechtigungen bei der Versetzung aus der HR-Abteilung)?
4. Ist das Verfahren zur Benutzerverwaltung (Einrichten, Ändern, Löschen von Benutzerrechten) angemessen?
5. Sind Ausnahmen zulässig (z. B. Erteilung von Berechtigungen für externe oder interne Prüfer) bzw. gibt es für diese Ausnahmen definierte Prozesse und Kontrollen?

Zum Ersten soll geprüft werden, ob die definierten Verfahren zur Benutzerverwaltung den tatsächlichen Abläufen zur Benutzeradministration und -pflege entsprechen. Zum Zweiten sollte im Rahmen einer Stichprobenprüfung festgestellt werden, ob die eingerichteten Berechtigungen den beantragten Rechten und diese wiederum den tatsächlichen Aufgaben des Mitarbeiters entsprechen. Dabei sind ebenfalls die sogenannten »Superuser« (Root oder Administrator) zu berücksichtigen, die oft einen nicht personalisierten Zugang zu den Daten verwenden. Hier soll insbesondere geprüft werden, ob und wann ein Zugriff auf die Daten erfolgte, ob es einen Anlass für diesen Zugriff gab und ob der Zugriff tatsächlich von einem mit der Administration betrauten Mitarbeiter durchgeführt wurde.

Der erste Teil der Stichprobenprüfung kann durch Vergleich von Benutzeranträgen mit der Userliste hinsichtlich der Vollständigkeit erfolgen. Die Übereinstimmung der Berechtigungen mit den tatsächlichen Aufgaben des Mitarbeiters kann durch Vergleich der Userliste mit den Rollendefinitionen festgestellt werden. Der zweite Teil besteht meistens aus einer Auswertung von Log-Dateien. Dabei kann sowohl die Aktivität als auch die Zeit des Zugriffs ermittelt werden, um z. B. durch einen Vergleich mit der Abwesenheitsliste ggf. eine missbräuchliche Verwendung der Zugriffsrechte Dritter zu kontrollieren. Werden durch die Revision Mängel bzw. Schwachstellen identifiziert, so kann die Wirksamkeit des Zugriffskontrollsystems nicht nachgewiesen werden, und es müssen Maßnahmen vereinbart werden, die zur Verbesserung der Sachverhalte und der Compliance führen. Diese müssen innerhalb einer festgelegten Frist umgesetzt werden.

6 Literatur

[Anand 2006] *Anand, S.:* Sarbanes-Oxley Guide for Finance and Information Technology Professionals. Wiley & Sons, 2006.

[Bradner 1997] *Bradner, S.:* Key words for use in RFCs to Indicate Requirement Levels (RFC 2119). *http://rfc.net/rfc2119.txt*; Zugriff am 22.05.2008.

[BSI 2005] *BSI:* BSI-Standard 100-2. IT-Grundschutz Methodology. Version 1.0. Bundesamt für Sicherheit in der Informationstechnik (BSI), Bonn, 2005.

[BSI 2006] *BSI:* Leitfaden IT-Sicherheit. Bundesamt für Informationssicherheit (BSI), Bonn, 2006.

[COSO 1992] *COSO:* Internal Control – Integrated Framework. Committee of Sponsoring Organisations of the Treadway Commission (COSO), 1992.

[COSO 2007] *COSO:* Internal Control – Integrated Framework. Guidance on Monitoring Internal Control Systems (Discussion Document). September 2007, *www.isaca.org/Template.cfm?Section=Home&Template=/ContentManagement/ContentDisplay.cfm&ContentID=37312*; Zugriff am 31.10.2007.

[Etges & McNeil 2006] *Etges, R.; McNeil, K.:* Understanding Data Classification Based in Business and Security Requirements. In: Control – Journal Online Vol. 5/2006, *www.isaca.org/*; Zugriff am 02.11.2007.

[Herrmann 2007] *Herrmann, D. S.:* Complete Guide to Security and Privacy Metrics. Measuring Regulatory Compliance, Operational Resilience, and ROI. Auerbach Publications, New York, 2007.

[IDW 2002a] *Institut Deutscher Wirtschaftsprüfer (IDW):* Prüfungsstandard – Abschlußprüfung bei Einsatz von Informationstechnologie (IDW PS 330) vom 24.9.2002. In: WPg 21/2002, S. 1167 ff.

[IDW 2002b] *Institut Deutscher Wirtschaftsprüfer (IDW):* Stellungnahme zur Rechnungslegung – Grundsätze ordnungsmäßiger Buchführung bei Einsatz von Informationstechnologie (IDW RS FAIT 1) vom 24.09.2002. In: WPg 21/2002, S. 1157 ff.

[ISO 2005a] *ISO/IEC 17799:* Code of practice for information security management (second edition). ISO, Geneva, 2005.

[ISO 2005b] *ISO/IEC 27001:* Information Security Management (ISMS) – Requirements. ISO, Geneva, 2005.

[ITGI 2003] *IT Governance Institute:* CobiT 3rd Edition, *www.isaca.org/*.

[ITGI 2005] *IT Governance Institute:* CobiT 4.0, *www.isaca.at/Ressourcen/CobiT%204.0%20Deutsch.pdf*; Zugriff am 02.11. 2007.

Dr. Aleksandra Sowa
Revisor für IT und IT-Sicherheit
Baumschulallee 38
53115 Bonn
a_sowa@web.de

Bettina Götz, Frank Köhntopp, Barbara Mayer, Guido Wagner

Einsatz einer ganzheitlichen GRC-Softwarelösung

Die Methoden des »Governance, Risk und Compliance Management« wurden ursprünglich zu Kontrollzwecken und zur Vermeidung von Betrug entwickelt. Applikationen zum Risikomanagement gehören genauso zum Standard einer »GRC-Suite« wie Software zur Abwicklung relevanter Controls nach Vorgabe von Auditoren.

Dieser Beitrag will den Stand ganzheitlicher Ansätze im Umfeld des GRC-Managements anhand der aktuellen Lösungen der SAP AG aufzeigen. Besonderes Augenmerk liegt dabei auf dem Einsparungspotenzial sowie auf Integrationsszenarien, die sich durch Identity Management ergeben.

Inhaltsübersicht

1 GRC im ganzheitlichen Ansatz

Im Umfeld des GRC-Managements spielt der Begriff des »ganzheitlichen Ansatzes« eine besondere Rolle. Es geht dabei um Integrationsmöglichkeiten GRC-relevanter Einzelprozesse, die heute oftmals noch losgelöst betrachtet werden.

Folgende Ziele stehen im Vordergrund:

- *Steuerung (»Governance«)*
  Rechtliche Vorgaben und andere Verpflichtungen sind im Unternehmen transparent. Die strategische Zielvorgabe kann auf Informationen eines intelligenten Risikomanagements und zentraler Maßnahmen zur Compliance bauen.
- *Vorgabenerfüllung (»Compliance«)*
  Alle Vorgaben des Unternehmens werden erfüllt. Methoden der Nachweisbarkeit existieren und sind soweit möglich automatisiert. Redundanzen sind vermieden.
- *Risikomanagement*
  Relevante Risken sind identifiziert und können gesteuert werden. Resultate unterstützen die Entscheidungsfindung. Frühwarnmöglichkeiten existieren.
- *Nachhaltigkeit*
- Die wichtigsten Aspekte einer nachhaltigen Unternehmensführung werden nachweislich unterstützt.
- *Transparenz*
  Alle GRC-relevanten Rollen eines Unternehmens und Entscheider erhalten einheitliche Informationen zur richtigen Zeit. Alle Maßnahmen und Zustände sind von internen wie externen Auditoren überprüfbar.
- *Skalierbarkeit*
  Auf besonders »Compliance-relevanten« Themen wie Aufgabentrennung, Umweltschutz oder globalem Handel liegt ein Fokus.

Zusammengefasst geht es um die in Abbildung 1 dargestellte Betrachtung GRC-relevanter Prozesse. Die im Folgenden kurz erläuterten Applikationen der SAP AG stellen hierzu Werkzeuge bereit.

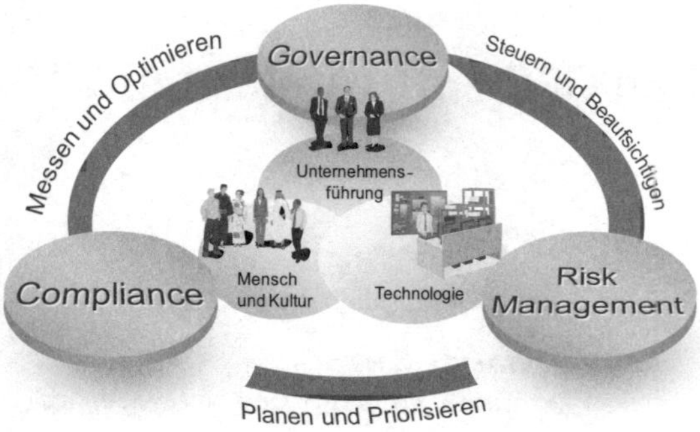

Abb. 1: Die Betrachtung von GRC als tief in Geschäftsprozesse integrierte Maßnahmen ermöglicht effiziente Vorgehensweisen und Entscheidungsprozesse.

Den Kern des in Abbildung 2 gezeigten SAP-Produktportfolios [Schöler & Zink 2008] stellt das Risk Management dar. Die Anwendung ermöglicht die präventive Überprüfung von Geschäftsmöglichkeiten auf allen Unternehmensebenen hinsichtlich finanzieller, rechtlicher und operativer Risiken. Vordefinierte Maßnahmen erlauben die Identifizierung und Analyse von Risken sowie die zeitnahe Reaktion auf Zwischenfälle. Key-Risk-Indikatoren gewährleisten die Früherkennung sich abzeichnender Gefahren.

Abb. 2: Die SAP-Produktpalette zu GRC

Ebenfalls einen risikobasierten Ansatz verfolgt die Anwendung »SAP GRC Process Control«. Er zielt auf die Einrichtung einer effektiven Kontrollumgebung und die Identifizierung und Handhabung der wirksamsten und effizientesten Kontrollen zur Einhaltung von Vorschriften ab. Die automatische Überwachung des Status von Kontrollen ist genauso möglich wie eine manuelle durch Selbsteinschätzungen. Verstöße gegen Kontrollvorschriften und daraus resultierende Risiken können analysiert werden. Die Simulation der Auswirkungen von Kontrolländerungen liefert eine präventive Identifikation von Risiken.

Risiken, die sich aufgrund potenzieller Verletzungen der Regeln zur »Segregation of Duties« ergeben, widmet sich die Lösung »SAP GRC Access Control«. Sie liefert ein umfassendes Werkzeug zur Handhabung der Steuerung von Zugriffen und wird in den folgenden Abschnitten ausführlich behandelt.

Tiefer in spezielle Themen tauchen die Lösungen »Global Trade Services« (GTS) und »Environmental Health & Safety Compliance Management« (EH&S) ein. Sie helfen, die komplexen Prozesse und Vorschriften im internationalen Handel sowie in den Bereichen Umwelt-, Gesundheits- und Arbeitsschutz zu überwachen und zu steuern. Auch hier wird mit Risiken und Controls gearbeitet.

2 Integrationsszenario SAP GRC Access Control mit Identity Management

SAP bietet derzeit zwei ergänzende Lösungen an, die die Verwaltung von Benutzern und

Zugriffsrechten auf Systemen in SAP- und Nicht-SAP-Landschaften unterstützen: SAP GRC Access Control und SAP Netweaver Identity Management.

Im Folgenden wird aufgezeigt, dass ein kombinierter Einsatz eine über die Summe beider Einzelanwendungen hinausgehende Funktionalität und zusätzlichen Nutzen bietet.

SAP GRC Access Control (Compliance)

SAP GRC Access Control dient in erster Linie der Analyse von Funktionstrennungskonflikten und kritischen Berechtigungsausprägungen innerhalb von SAP ERP-Berechtigungen sowie der Vermeidung neuer Konflikte durch automatisierte Risikoanalyse innerhalb eines Workflows zur Berechtigungsvergabe.

Zusätzliche Module für unternehmensweites Rollenmanagement und das Management von Superuser-Berechtigungen vervollständigen die Lösung.

Mit GRC Access Control lassen sich Zugriffsrisiken Audit-konform definieren, Verletzungen feststellen, bereinigen oder durch die dokumentierte Zuweisung von Kontrollen mindern. Durch die Integration der Risikoanalyse während der Beantragung von neuen Benutzern oder neuen Berechtigungen sowie während der Erstellung neuer Rollen bleiben die Zugriffsrisiken jederzeit kontrollierbar.

Die Definition der Zugriffsrisiken sowie die Freigabe von Berechtigungen erfolgt durch die Mitarbeiter aus den Fachbereichen, wodurch Kontrolle und Verantwortung bei den fachlich dazu am besten geeigneten Mitarbeitern liegen.

SAP Netweaver Identity Management (ganzheitliches Benutzerprofil)

SAP Netweaver Identity Management unterstützt ebenfalls bei der Verwaltung von Zugriffsrechten und Kennwörtern. Neben der Anbindung von SAP-Systemen liegt hier der Schwerpunkt auf der Integration in heterogene Systemlandschaften oder Verzeichnisdiensten.

Ein neuer Benutzer kann beispielsweise In einem Microsoft ActiveDirectory für den Zugang zu einer Windows-Domäne angelegt werden, er erhält automatisch eine E-Mail-Adresse in Lotus Notes sowie einen Zugang als SAP-Benutzer im Enterprise Portal und einem ERP-System.

SAP Netweaver Identity Management unterstützt über eine Adapter-Schnittstelle sowie ein virtuelles Verzeichnis eine Vielzahl von SAP- oder Nicht-SAP-Systemen und Verzeichnisdiensten (vgl. Abb. 3). Darüber hinaus erlaubt SAP Netweaver Identity Management die Einrichtung (Provisionierung) von Benutzerrechten mithilfe sogenannter »Business-Rollen«, die technische Berechtigungen mehrerer verschiedener Systeme kapseln können und somit zur Verschlankung des Berechtigungswesens beitragen.

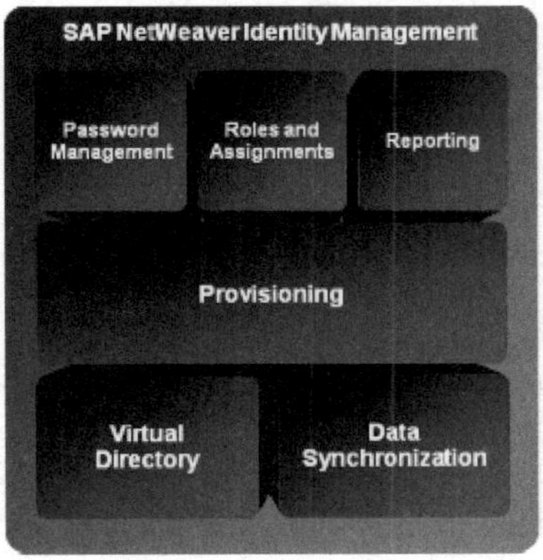

Abb. 3: SAP Netweaver Identity Management

Ein systemübergreifendes Reporting erlaubt eine Übersicht, welcher Benutzer in welchen Systemen mit welchen Berechtigungen vorhanden ist. Damit ist nicht nur ein vollständiges Deaktivieren bzw. Löschen (Deprovisionierung) bei Ausscheiden möglich, es lassen sich auch »schlafende« Benutzerkonten entdecken und somit Lizenzkosten einsparen.

Die von Netweaver Identity Management abgebildeten Prozesse sind üblicherweise in der

Hoheit des IT-Bereichs eines Unternehmens und tragen dort zu einer hohen Effizienzsteigerung bei.

Integration dank Enterprise SOA

Zusammengefasst bildet GRC Access Control die Business-Sicht auf Benutzer und Berechtigungen ab, sichert die »Gewaltenteilung« in den ERP-Applikationen und schützt somit vor Missbrauch und Manipulationen.

SAP Netweaver Identity Management reduziert Aufwendungen im Zusammenspiel mit Benutzerverwaltung und Zugriffsrechten in einer heterogenen Systemlandschaft und bietet weitere Funktionalitäten spezialisiert auf den Bereich Identity Management (z. B. Self-Service Passwort-Reset, Deprovisionierung und unternehmensweites Benutzer-Reporting).

Um die Anforderungen von Business und IT vollständig zu erfüllen, wäre daher eine Kombination beider Systeme wünschenswert.

Genau dies ist durch die konsequente Enterprise-SOA-Ausrichtung der SAP möglich. Beide Lösungen unterstützen die Kommunikation über Webservices. Die SAP GRC Access Control-Komponente »Compliant User Provisioning« bietet verschiedene Webservices an, die speziell der Anbindung an Identity-Management-Systeme dienen.

Damit kann der Teil eines in SAP Netweaver Identity Management gestarteten Benutzerantrags, der ERP-Berechtigungen berührt, an GRC Access Control automatisiert als Teil des Workflows übergeben werden. Dort wird dann mithilfe der definierten Risikomatrix die Vergabe der Berechtigungen unter Compliance-Kriterien von Mitarbeitern der Fachbereiche durchgeführt. SAP Netweaver Identity Management erhält eine Rückmeldung über die erfolgreiche Provisionierung und behält damit den Gesamtüberblick.

Dadurch erfolgt eine Einbeziehung der Fachbereiche an den passenden Stellen des Benutzerantrags, und es wird sichergestellt, dass allen Compliance-Anforderungen genüge getan wird. Der Fachbereichsmitarbeiter kann Rollenzuweisungen gegebenenfalls korrigieren oder ändern, auftretende Risiken können so vermieden oder durch Zuweisung von Kontrollen gemindert werden.

Die Kombination aus SAP Identity Management und GRC Access Control bietet somit eine Lösung, die die Anforderungen des CFO (IT-Business-Applikationen sind compliant) und des CIO (wirtschaftliche Rahmenbedingungen im IT-Umfeld) erfüllen.

3 Wirtschaftlichkeitsbetrachtung SAP GRC Access Control

In den folgenden Abschnitten werden einzelne Aspekte der Sicherheit und Effizienz des Access Management betrachtet. Es wird jeweils dargestellt, ob und in welcher Weise diese Aspekte monetär messbar sind. Abschließend wird anhand eines konkreten Beispiels ein Modell für die Nutzenrechnung von GRC Access Control dargestellt.

Beeinflussung des Transaktionsvolumens

Die absolute Anzahl der Benutzerkonten, die hinzugefügt, geändert oder gelöscht (oder deaktiviert) werden müssen, wird sich nicht ändern, hingegen werden andere Transaktionen in ihrem Volumen deutlich abnehmen:

- Entlastung des Helpdesks durch Password Reset Self Service. Hier treten Einsparungen insbesondere durch die verringerte Zahl von Helpdesk-Calls auf. Das Nutzenpotenzial lässt sich als Senkung der Kosten je Arbeitsplatz berechnen.
- Die Anzahl der Anträge auf Zugriffsrechte, die Managementgenehmigung benötigen, wird abnehmen, ebenso wie die gesamte Anzahl an Anträgen auf Zugriffsrechte: Durch gezielte Unterstützung bei der Beantragung werden die richtigen Berechtigungen und die wirklich benötigten Rechte beantragt. Die Führungskraft muss durch die Verwendung eines Rollenkonzepts nur noch für die Rollen

die Genehmigung erteilen, die explizit genehmigt werden sollen (z. B. keine Genehmigung für die Mitarbeiterrolle erforderlich, die jeder erhalten soll).

Wegfall oder Vereinfachung von Sicherheitsadministrationstätigkeiten

Durch den Einsatz der Administrationswerkzeuge von GRC Access Control können zahlreiche Tätigkeiten im Unternehmen vereinfacht oder vollständig automatisiert werden:

- Routinetätigkeiten, wie das Einrichten von Benutzerkonten (Provisioning) für einen neuen Mitarbeiter, die Zuweisung von Berechtigungen, Änderungen von Berechtigungszuordnungen und das Löschen oder Deaktivieren von Benutzerkonten (Deprovisioning) sind Beispiele für weitgehend automatisierbare Administrationsvorgänge. Die Erfassung von neuen Mitarbeitern erfolgt im Personaldatensystem (SAP HCM). Erfahrungsgemäß lassen sich hier bis zu 90 % dieser Routinetätigkeiten automatisieren.
- Individuell konfigurierbare Antragsverfahren für Benutzerkonten und Berechtigungen (Workflows) bilden die Genehmigungsverfahren des Unternehmens ab. Die nicht voll automatisierbaren Administrationstätigkeiten können so einfach, nachvollziehbar und kontrolliert nach den rechtlichen Anforderungen des individuellen Unternehmens durchgeführt werden. Das in das Provisionierungssystem integrierte Antragsverfahren erledigt nach elektronischer Genehmigung automatisch auf Basis von konfigurierbaren Zugriffsregeln, und zwar synchron für alle angebundenen SAP-Systeme, die Anlage von entsprechenden Benutzerkonten.
- Folgende IT-Kennzahlen werden sich somit insgesamt verbessern und können in die Wirtschaftlichkeitsbetrachtung eingehen:
  - Durchschnittliche Zeit, um ein neues Benutzerkonto anzulegen.
  - Durchschnittliche Zeit, ein Benutzerkonto zu ändern (Änderung des Status, löschen, deaktivieren).
  - Durchschnittliche Zeit zwischen der Terminierung eines Benutzers und der Deaktivierung seiner Zugriffsrechte.
  - Durchschnittliche Durchlaufzeit für Zugriffsrechte, die Genehmigungen benötigen.
  - Prozentsatz der Zugriffsrechtsanträge, die innerhalb der Service Level erfolgreich bearbeitet werden konnten.

Effizienzsteigerung für den Endbenutzer

Die schnellere Bereitstellung von Zugriffsrechten für Mitarbeiter kann nicht nur erfolgskritisch sein, sie ist insbesondere direkt Cashflow-wirksam: Hohe Kosten entstehen hier insbesondere bei Unproduktivität von externen Mitarbeitern aufgrund von fehlenden Zugriffsrechten. Wie weiter unten anhand des Praxisbeispiels gezeigt wird, ist allein die Effizienzsteigerung für den Endbenutzer durch den Einsatz von GRC Access Control geeignet, die Wirtschaftlichkeit des Einführungsprojekts zu gewährleisten.

IT-Risikomanagement

- Vereinfachte Revision und Berichtswesen: Hier sind die regelmäßigen plattformübergreifenden Reports und Ad-hoc-Berichte zu unterscheiden. Zur Berechnung des Einspareffekts ermittelt man für beide Berichtsarten die zur Berichterstellung pro System benötigte Zeit und den manuell zu erledigenden Konsolidierungsaufwand. Der Aufwand reduziert sich bei plattformübergreifendem Einsatz von GRC Access Control erfahrungsgemäß um 50-80 %.
- Ferner werden folgende IT-Kennzahlen positiv verbessert und können in die Wirtschaftlichkeitsbetrachtung eingehen:
  - Die Anzahl der Monate seit der letzten Überprüfung der Zugriffsrechte – per Applikation und System.
  - Anzahl der Audit Findings, die im Zusammenhang mit Sicherheitsadministrationsfehlern stehen.

Allgemeine Nutzenaspekte

- Access Management mit GRC Access Control wird den Prozess des internen Wechsels vereinfachen und die Zuordnung neuer Provisionierung und Deprovisionierung alter Zugriffsrechte unterstützen.
- Das Access Management wird die allgemeine Datenqualität für Benutzer- und Zugriffsrechtsdaten innerhalb des Unternehmens verbessern.
- Das Access Management wird ein zentralisiertes Management der IT-Sicherheit und des Audit- und Berichtswesens ermöglichen.
- Das Access Management ermöglicht Transparenz und vollständige Nachvollziehbarkeit der Autorisierungen einer Person in den angeschlossenen Systemen.

Praxisbeispiel

In diesem Beispiel konnte durch den Einsatz von GRC Access Control die Anlage eines neuen Benutzerkontos von drei Tagen auf durchschnittlich einen halben Tag reduziert werden. Ferner konnte durch das neue Rollenkonzept, das durch GRC Access Control gestützt entwickelt wurde, die Zuordnung aller benötigten Autorisierungen von durchschnittlich vier Tagen auf 1,5 Tage herabgesetzt werden.

In der folgenden Rechnung wurde zur Sicherheit mit einer Effektivität dieser Einsparungen für lediglich 50 % aller Fälle gerechnet (= Effizienzfaktor 0,5), selbst unter dieser Annahme konnten Einsparungen im zweiten Jahr nach der Investition von 8 Personenjahren (2 + 6 Jahre) errechnet werden, wovon drei Personenjahre direkt Cashflow-wirksam sind, da externe Mitarbeiter betroffen sind (vgl. Abb. 4 und 5).

4 Internes Kontrollsystem und Continuous Compliance

Einen höheren Grad an Unternehmenskontrolle bietet ein internes Kontrollsystem (IKS). Ein IKS bindet zur Einhaltung von Richtlinien und zur Abwehr von Schäden, die durch Mitarbeiter oder Externe verursacht werden können, planvolle, organisatorische Handlungsanweisungen und Kontrollen in die Prozesslandschaft eines Unternehmens ein. Kontrollmodelle wie z. B. COSO, zuletzt COSOII, sowie CoCo oder CobiT bieten die logische Struktur eines IKS.

Handlungsanweisungen eines Unternehmens basieren auf technischen und organisatorischen Regeln aus Aktivitäten und Einrichtungen zur unternehmensinternen Kontrolle sowie ihren Beziehungen zueinander. Neben

Benutzerkonto anlegen					
Anzahl Benutzer		% betroffene Benutzer	Effizienzfaktor	3 Tage → 0,5 Tage in Personentagen	Summe in Personenjahren
Je Benutzer				2,5	
Externe Benutzer	400	***40***	***0,5***	200	1
Interne Benutzer	1.500	***15***	***0,5***	281	1
Summe				481	2

Abb. 4: Wirtschaftlichkeitsrechnung Geschäftsvorfall »Benutzerkonto anlegen«

Autorisierungen ändern					
Anzahl Benutzer		% betroffene Benutzer	Effizienzfaktor	4 Tage → 1,5 Tage in Personentagen	Summe in Personenjahren
Je Benutzer				2,5	
Externe Benutzer	400	***80***	***0,5***	400	2
Interne Benutzer	1.500	***50***	***0,5***	938	4
Summe				1338	6

Abb. 5: Wirtschaftlichkeitsrechnung Geschäftsvorfall »Autorisierungen ändern«

dem Vieraugenprinzip und dem Prinzip der Funktionstrennung basiert ein IKS auf den Prinzipien der Transparenz und Mindestanforderungen.

Das Prinzip der Transparenz fordert für Unternehmensprozesse Sollkonzepte, die es einem Externen erlauben zu beurteilen, inwieweit sich Mitarbeiter konform zu diesem Sollkonzept verhalten. Das Prinzip spiegelt die Erwartungshaltung der Organisationsleitung wider.

Das Prinzip der Mindestinformation fordert mögliche prozessrelevante Informationen, inkl. sicherheitsrelevanter Informationen, für Mitarbeiter.

Nach dem COSO-Modell [COSO 1994] hat ein IKS Funktionsfähigkeit und Wirtschaftlichkeit von Geschäftsprozessen, Zuverlässigkeit von Unternehmensinformationen, Vermögenssicherung und Regeleinhaltung zum Ziel.

Typische Unternehmensanforderungen an ein IKS sind z. B.:

- Flexible Parameter für Regelkriterien
- Auf SAP- und Nicht-SAP-Unternehmensanwendungen erweiterbare & überwachbare Kontrollfunktionen
- Industrieinhalte für die Komponenten Prozess, Teilprozess, Kontrollziel, Risiko, Definition, Testplan von Kontrollen, Accounts, Assertions
- Industrieinhalte für die SAP-Reports/Transaktion (Application Controls)
- Mit Custom Query Builder erweiterbare Kontrolltests
- Aufbau und Inbetriebnahme eigener Skripten mit Kontrollprogrammen und Dashboards
- Funktionalität für die Analyse von Test- und Reporting-Ergebnissen

Die Kontrollen, z. B. Dublettencheck in der Liefer- und Rechnungskette, und Kontrollknoten greifen in das Prozess- und IT-Netz von Organisationseinheiten ein. Mittels IKS kann im Interesse des Unternehmenserfolges direkt auf die Stellschrauben eines Unternehmens eingewirkt werden.

Unternehmen fragen SAP als Softwareanbieter von SAP® GRC Process Control 2.5 an, Ziele und Kontrollen für Unternehmenskriterien wie Unternehmen, Belegart, Lieferant, Kunde über verschiedene IT- und Prozessnetze automatisiert zu überwachen, zu testen und zu beurteilen.

Am Beispiel eines globalen Unternehmens der Fertigungsindustrie soll der Aufbau eines IKS umrissen werden. SAP konzipierte in 2007 ein mehrstufiges IKS aus dem Verwaltungsbereich über alle Unternehmensbereiche.

SAP stellte inhärente Kontrollen, konfigurierbare Kontrollen, Sicherheitskontrollen und Reporting-Kontrollen bereit in den SAP-Standardprozessen Financial Close, Hauptbuch, Procure to Pay (Accounts Payable, Materials Management, Purchasing), Order to Cash (Accounts Receivable, Credit and Collections, Sales Order Management) und IT General Controls sowie Planning and Management Accounting, Asset Management und Human Capital Management in SAP- und Nicht-SAP-Landschaften wie Oracle und Peoplesoft.

Risiken bei der Rechnungslegung wie Berechnungsfehler und Abweichungen in den Haupt- und Nebenbüchern wurden vermeidbar und die Konsolidierung wird sorgfältig überwacht. Gleichzeitig konnte die Zahl manueller Kontrollen reduziert, der Abschlussprozess rationalisiert und die Richtigkeit der finanziellen Ergebnisse gewährleistet werden.

Mit den Wellen der Implementierung des IKS auf Leitungsebene und in den priorisierten Unternehmensbereichen werden die Beschaffungsrichtlinien des Unternehmens eingehalten und kontrolliert.

Es ist ersichtlich, dass in den Folgewellen der Implementierung des IKS die Ausgaben für Waren und Dienstleistungen reduziert und überwacht werden können. Es zeichnet sich ab, dass die Effektivität der Anwendungen im Einkauf, in der Lagerverwaltung und in der Debitorenbuchhaltung steigerbar ist. Das globale Unternehmen der Fertigungsindustrie kann in den Folgestufen der Implementierung des IKS den aktuellen Status der Beschaffungsvorgänge von der Bestellung bis zur Bezahlung in Echtzeit und über verschiedene Anwendungen hinweg überwachen.

Einen größeren Grad an Unternehmenskontrolle bietet die kontinuierliche Überwachung, d.h. das Continuous Compliance Monitoring (CCM) und Auditing. Im CCM werden das interne Kontrollsystem und dessen Stamm- und Konfigurationsdaten mittels Analyse von Zielen und Kontrollen bezüglich seiner Art, Funktionsfähigkeit, Wirksamkeit und seiner Größe periodisch überprüft und angepasst.

Im Beispiel wurde das globale Unternehmen der Fertigungsindustrie in die Lage versetzt, Hunderte bis Tausende von Tests unternehmensweit über verschiedene Organisationen gemäß dem Prinzip »P-CO-R, d.h. Prozess – Kontrollziel – Risiko« und alternativ »P-CO-R-C, also Prozess – Kontrollziel – Risiko – Kontrolle« bereichsweit durchzuführen bei gleichzeitig reduziertem Aufwand für die Einrichtung und Pflege dieser Funktionen.

Die Analyse der Kontrollen des globalen Unternehmens der Fertigungsindustrie ergab, dass vor allem Transaktionskontrollen, Kontrollen der Funktionstrennung und Kontrollen der Stammdaten in einem CCM von Interesse sind. Daneben können zugrunde liegende Daten im Drilldown-Verfahren recherchiert werden.

Des Weiteren stehen dem Unternehmen umfassende Simulationsfunktionen zur Verfügung, mit deren Hilfe diese die Auswirkungen von Änderungen an Kontrollen in Produktionsumgebungen bereits im Vorfeld simulieren können.

In der zweiten Implementierungsphase werden die bestandsgefährdenden Risiken und die Gefahren für die strategischen Unternehmensziele identifiziert. Ein Risikofrüherkennungssystem, ein Risk Management Framework, eine Risikosystematik werden identifiziert und implementiert. Des Weiteren wird ein Opportunity und Chance Management identifiziert. Damit wird unternehmensweit ein systematischer Ansatz zur Identifikation, Bewertung, Analyse und Steuerung von Chancen und Risiken auf Basis international anerkannter Benchmarks und Best-Practice-Lösungen umgesetzt.

5 Enterprise Risk Management

Einen nächsthöheren Grad an Unternehmenssteuerung bietet das Enterprise Risk Management (ERM). Ein ERM ist eine unternehmensweite, holistische Unternehmenssteuerung. Ziel ist die Steigerung des Unternehmenswertes durch das planmäßige Eingehen erwünschter Risiken und das Absichern der Unternehmensziele gegen störende Ereignisse. Aus Unternehmenssicht werden die einzelnen Risikokategorien und Geschäftsbereiche abhängig voneinander betrachtet und behandelt. Beispielsweise wird für die Risikobewertung einer Kapitalanlage-Richtlinie die Beziehung zu den bestehenden Verbindlichkeiten hergestellt.

Mit dem ERM werden erwünschte Risiken in einem von der Geschäftsführung in der Risikostrategie festgelegten Umfang eingegangen. Unerwünschte Risiken können mittels ERM beseitigt werden. Im Endeffekt nimmt das Unternehmen eine optimale Risk-Return-Position ein.

Am Beispiel eines globalen Unternehmens der Transport- und Versorgungsindustrie soll der Aufbau eines ERM umrissen werden. Als Erstes wurde ein proaktives, unternehmensweites Risikomanagementsystem zur Vermeidung von Schadensfällen konzipiert. Der Handlungsbedarf entstand aus Risiken, die von Ausfällen durch nicht autorisierten Zugang zu Informationen über Verzögerungen bei einer Produkteinführung, bedingt durch Ressourcenengpässe oder Aktivitäten im Kontext mit Zuwiderhandlung gegenüber der Nichtbefolgung der Gesetzgebung, bis hin zu Verletzungen in der Finanzberichterstattung (z. B. SOX) oder auch der Handelsverordnungen variieren.

Um darüber hinaus fehlerhafte, erfolgsrelevante Managemententscheidungen und Mehrkosten aus der Schadensbeseitigung zu vermeiden, implementiert das globale Unternehmen auch SAP® GRC Risk Management. Darüber hinaus soll die Software in nur einer Ansicht essenzielle Informationen in Bezug auf alle Schlüsselrisiken anzeigen und gleichzeitig diese über alle Geschäftseinheiten verteilen können. Damit werden alle Geschäftsbereiche in die Lage versetzt, Ereignisse mit Gefahrenpotenzial zu identifizieren. Mittels Dashboard, das die Rolle einer Einzelperson reflektiert, haben Risk Manager und Manager einen Überblick über die Risikolandschaft ihres Geschäftsbereichs. Überwachungsroutinen zeigen mithilfe eines Dashboards Kernbereiche, in denen ein Ereignis auftritt, einschließlich Alarmhinweise auf.

Das von ca. 40 Benutzern genutzte ERM tauscht diese Informationen über die gesamte Organisation aus. Mit dem ERM wird eine nachhaltige Erfassung, Steuerung und Kontrolle von Risiken möglich. Daneben werden Geschäftsprozessrisiken automatisch identifiziert und zur Bearbeitung in der Hierarchie weitergeleitet. Das Ziel des ERM an sich, einen Einblick in das Risikoprofil zu geben, sodass Risiken proaktiv und priorisiert abgearbeitet werden können, erfüllt sich für das Unternehmen. Darüber hinaus vereinfachen sich für die Mitarbeiter aller Unternehmensbereiche und auf zentraler Ebene das Berichtswesen und die Analyse durch automatische Aggregation von Informationen. Laut dem globalen Unternehmen ergibt sich daraus eine größere Transparenz und präzisere betriebliche Prognosemöglichkeit.

Es wird ein Risikomanagement mit der Unternehmensstrategie zur Unterstützung eines risikoangepassten Performance-Managements ermöglicht. Konkret werden die Antwortzeiten auf Ereignisse verkürzt. Die Zahl der Schadensfälle erzeugenden Ereignisse wird deutlich reduziert. Aus unternehmerischer Sicht wird das Unternehmen damit wettbewerbsfähiger und profitabler. Aus versicherungstechnischer Sicht können spezifische Rahmenwerke und Überblicksmodelle über die Risikoanalyse- und -beantwortungsprozesse mit den Versicherern des Unternehmens abgesprochen und eine Ersparnis an Versicherungsprämien ausgehandelt werden.

6 Langfristige Zielsetzung einer ganzheitlichen GRC-Softwarelösung

Die Zukunft des GRC-Managements wird darin liegen, alle vorhandenen Risiko- und Compliance-Daten zur Unterstützung unternehmerischer Entscheidungen verstärkt zu nutzen und auf das unternehmensspezifische Ökosystem auszudehnen. Das entscheidende Tool zur Findung geschäftskritischer Entscheidungen wird dabei verstärkt im Strategy Management gesehen. GRC kann hier insbesondere zu Marktrisiken, Auswirkungen auf die Einhaltung von Gesetzen oder Unternehmens-Policies sowie Aspekte der Business-Continuity-Planung wertvolle informationen liefern.

Außerdem lassen sich GRC-relevante Informationen hervorragend für Auswertungen im Performance-Management nutzen. Ein Beispiel könnte das »risk based accounting« sein. Die Idee dabei ist, analog zu finanziellen Budgets auch Risikobudgets im Unternehmen zuzuordnen. Damit ist es möglich, die Risikobereitschaft im Unternehmen zu steuern und den jeweiligen Geschäftszielen anzupassen.

Oft sind die signifikantesten Risiken für Unternehmen nicht in den eigenen Prozessen zu suchen. Vielmehr liegen sie in der Zulieferkette, Verträgen mit Partnern, Verfügbarkeit von Ressourcen oder Marktrisiken. Aus diesem Grund wird in Zukunft ein taugliches Abbild des GRC-Status eines Unternehmens auch Parameter beinhalten, die außerhalb der eigenen Systemlandschaft liegen. Nützlich ist dies auch, will man Benchmarking oder GRC-Maturity-Betrachtungen innerhalb des Wettbewerbs betreiben.

Die nächsten Schritte der Entwicklung von GRC-Standardanwendungen werden in der weiteren Integration von Informationen und Prozessen liegen. Das GRC-Management wird sich mit den klassischen Geschäftsprozessen tief verzahnen und damit zahlreichen Rollen in den Unternehmen helfen, ihre Aufgaben effizienter, proaktiver und in Übereinstimmung mit gesetzlichen und unternehmerischen Vorgaben zu erfüllen.

7 Literatur

[COSO 1994] *Committee of Sponsoring Organizations of the Treadway Commission (COSO) (Hrsg.):* Internal Control – Integrated Framework. American Institute of Certified Public Accountants (AICPA), Jersey, NY, 2. Aufl., 1994.

[Schöler & Zink 2008] *Schöler, S.; Zink, O.:* Governance, Risk und Compliance mit SAP. Galileo Press Verlag, Bonn, 2008.

Dipl.-Ing. Bettina Götz MBA
SAP Deutschland AG & Co. KG
Consulting Financials
Hasso-Plattner-Ring
69190 Walldorf
bettina.goetz@sap.com
www.sap.de

Frank Köhntopp
SAP Deutschland AG & Co. KG
CoE Security & ERM
Albert-Einstein-Allee 3
64625 Bensheim
frank.koehntopp@sap.com
www.sap.com

Barbara Mayer
SAP Deutschland AG & Co. KG
CoE Security & ERM
Großer Grasbrook 17
20457 Hamburg
barbara.mayer@sap.com
www.sap.com

Dipl.-Physiker Guido Wagner
SAP Deutschland AG & Co. KG
Governance, Risk & Compliance
Dietmar-Hopp-Allee 16
69190 Walldorf
guido.wagner@sap.com
www.sap.com

Sebastian Münz, Peter Mandl

Java-Webframeworks – ein ganzheitlicher Vergleich

Bei der Entwicklung von Webanwendungen setzen Unternehmen vermehrt Webframeworks ein. Diese stellen Bausteine und Verfahren für effizientere Entwicklungsprozesse zur Verfügung. Da deren Einsatz aber nicht nur Vorteile mit sich bringt, sondern auch Abhängigkeiten schafft, die zum Teil nur mit hohem Kostenaufwand aufzulösen sind, ist die Wahl eines Webframeworks als strategische Entscheidung zu betrachten. In diesem Artikel werden für gängige Webframeworks sowohl technische als auch strategische Entscheidungshilfen erarbeitet.

Inhaltsübersicht

1 Einführung

Die Entwicklung webbasierter Anwendungen erfolgt heutzutage kaum noch ohne den Einsatz von *Web Application Frameworks*, kurz *Webframeworks*. Diese stellen wichtige Bausteine und Steuerungsmechanismen zur Verfügung, die es den Entwicklern erleichtern, sich auf die eigentliche Anwendungslogik zu konzentrieren. Nicht selten sind kürzere Entwicklungszeiten und Qualitätsverbesserungen die positiven Auswirkungen.

So stellt sich meist nicht die Frage, ob, sondern welches Webframework eingesetzt werden soll. Doch die Beantwortung dieser Frage entpuppt sich bei der großen Vielfalt an Webframeworks als diffizile Aufgabe. Ein Verständnis für die wichtigen Aspekte beim Einsatz dieser Frameworks ist daher essenziell. Welche Kriterien sollten ausschlaggebend sein bzw. anhand welcher Einflussfaktoren sollte eine Entscheidung getroffen werden?

Dieser Artikel erläutert kurz die Aufgaben von Webframeworks und führt Kriterien für die Auswahl eines solchen ein. Ferner werden die Java-Webframeworks *Struts*, *Spring MVC* und der JEE-Standard für grafische Benutzeroberflächen *JavaServer Faces* entsprechend den Kriterien bewertet. Abschließend werden auf Basis der gewonnenen Erkenntnisse Entscheidungsempfehlungen abgeleitet.

2 Aufgaben von Webframeworks

Im Wesentlichen stellen Webframeworks eine technische Grundunterstützung zur Entwicklung von Webanwendungen bereit. Zu den Kernaufgaben zählen u. a.:

- *Anwendungssteuerung*
Die Verantwortung der Registrierung und des Aufrufs von Programmcode wird durch das Framework übernommen. Der Kontrollfluss ist somit nicht mehr im Anwendungscode verankert, sondern wird durch das Framework gesteuert.

- *Trennung von Layout und Code*
Die Struktur von Webframeworks ist meist so gestaltet, dass Layout und Code getrennt voneinander bearbeitet werden können. Programmierer müssen sich nicht mehr um das Design einer Anwendung kümmern, sondern stellen Webdesignern die Logik in Form von Klassen zur Verfügung. Die Designer haben dann die Möglichkeit, auf entwickelte Bausteine zuzugreifen, ohne tief greifende Kenntnisse über die tat-

sächliche Realisierung der Anwendungslogik oder der Anwendungsarchitektur haben zu müssen.

- *Bereitstellung von Benutzereingaben und Ressourcen*

Beim Absenden von Formularen werden die vom Benutzer eingetragenen Daten über das Netzwerk an den Server übermittelt. Da diese Benutzereingaben oftmals Informationen enthalten, die zur weiteren Steuerung der Anwendung notwendig und zur Speicherung vorgesehen sind, ist der Zugriffsmechanismus auf diese Daten eine wichtige Aufgabe. Das Gleiche gilt für den Zugriff auf Informationen in Geschäftsobjekten oder Datenspeichern der Anwendung.

- *Unterstützung bei der Validierung von Eingabedaten*

Beim Empfang von Benutzerdaten ist es notwendig, die erhaltenen Daten auf Plausibilität zu überprüfen. Zum einen können somit Inkonsistenzen in Datenbeständen vermieden werden, zum anderen kann dies aus Sicherheitsgründen vorteilhaft sein. Wichtig ist vor allem eine einfache Konfiguration der Validierung und die Möglichkeit, benutzerspezifische Fehlermeldungen ausgeben zu können.

- *Sessionverwaltung*

Da HTTP zustandslos ist und die Verbindung zwischen Browser und Webserver per Definition nach erfolgreicher Datenübertragung nicht bzw. nicht lange aufrechterhalten wird, ist die eindeutige Identifikation eines Benutzers über mehrere Anfragen und Antworten hinweg notwendig. Zur Verwaltung der Identifikations- und Benutzerdaten, die während eines Dialogs bzw. einer Sitzung gesammelt werden, stellen Webframeworks spezielle Mechanismen bereit.

- *Unterstützung der Navigationsmodellierung*

Webbasierte Anwendungen bestehen heutzutage meist aus einer Vielzahl verknüpfter Seiten mit teilweise komplexen Navigationsstrukturen. So können, insbesondere bei häufigen Änderungen, unübersichtliche Verflechtungen in der Navigation einer Webanwendung entstehen. Ein Webframework stellt im Optimalfall Mechanismen bereit, die eine einfache Steuerung der Anwendung gewährleisten.

- *Internationalisierbarkeit*

Oftmals sind Unternehmen daran interessiert, ihre Webanwendungen mit Bezug auf Länderspezifika einfach konfigurieren zu können. Dies gilt sowohl für Mehrsprachigkeit als auch für Währungen und spezielle Formatierungen. Hierfür werden unkomplizierte Verfahren zur Erstellung und Änderung von mehrsprachigen Inhalten zur Verfügung gestellt.

3 Entscheidungskriterien

Bei der Entscheidung für ein Webframework stützen sich Softwareentwickler oftmals rein auf die technischen Fragen. Jedoch spielen nicht nur technische Aspekte eine Rolle. Es bedarf vielmehr einer ganzheitlicheren Betrachtung. Abbildung 1 fasst die wesentlichen Aspekte einer Entscheidungsfindung zusammen. Oberhalb des Prozesspfeils sind konkrete Bewertungskriterien – sowohl technologische als auch strategische – aufgeführt. Unterhalb werden projektspezifische Gesichtspunkte genannt, die für jedes Projekt immer wieder neu zu berücksichtigen und mit den Bewertungskriterien abzuwägen sind.

Im Folgenden werden die Kriterien kurz erläutert:

Technologische Konzepte und Funktionalität

Zur technologischen und funktionalen Unterscheidung von Webframeworks können Schlüsselfaktoren wie Aufbau und Anfrageabwicklung, Erstellung und Verwaltung von Modellobjekten im Kontext des Model-View-Controller-(MVC-)Paradigmas, Möglichkeiten zur Navigationsmodellierung und auch Mechanismen zur Erzeugung der Darstellungsseiten herangezogen werden [McClanahan 2006].

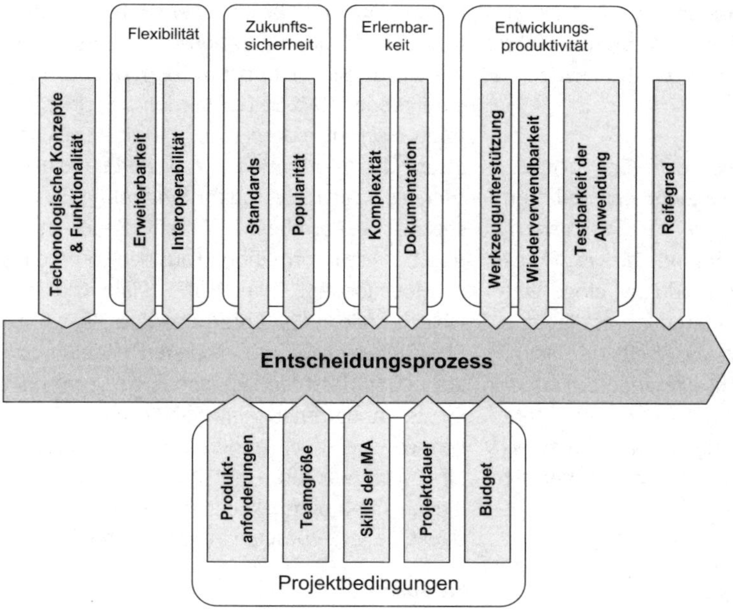

Abb. 1: Entscheidungskriterien

Flexibilität

Die Offenheit eines Frameworks, definierte Punkte zum Erweitern bzw. Anpassen von Framework-Funktionalität bereitzustellen, und die Fähigkeit, mit anderen Frameworks zu interagieren, entscheiden im Wesentlichen über dessen Flexibilität.

Erlernbarkeit

Die Dokumentation, einschlägige Bücher, Tutorials und Foren sind entscheidende Faktoren für einen schnellen Einstieg in ein Webframework. Komplexe Konzepte und Funktionsweisen tragen jedoch zu einer schwierigeren Erlernbarkeit bei.

Entwicklungsproduktivität

Reichhaltige Werkzeugunterstützung ist neben der Wiederverwendbarkeit von Layout und Code ein grundlegender Aspekt, die Entwicklung von Webanwendungen leichter und schneller zu realisieren. Eine von frameworkspezifischen Bausteinen entkoppelte Anwendungslogik ermöglicht in der Regel bessere Wiederverwendung und reibungslosere Testbarkeit der Anwendung.

Zukunftssicherheit

In den vergangenen Jahren hat sich die Popularität eines Webframeworks als essenziell erwiesen. Je mehr Anhänger ein Framework besitzt, desto mehr Aufwand und Energie – so hat es die Zeit gezeigt – wird in die Weiterentwicklung und Stabilität investiert. Ebenso kann durch die Verwendung einheitlicher Standards die Nachhaltigkeit verbessert werden.

Reifegrad

Da es für Unternehmen keinen Sinn macht, ein Produkt einzusetzen, das am Anfang seiner Entwicklung steht und noch mit Entwicklungsfehlern und Instabilität zu kämpfen hat, ist die Reife eines Webframeworks ebenso zu beachten.

4 Bewertung von Struts, Spring MVC und JavaServer Faces

Die eingeführten Kriterien bilden bei der Wahl eines Webframeworks die Grundlage für eine richtige Entscheidungsfindung. Anhand dieser Kriterien können einzelne Webframeworks analysiert und ganzheitlich bewertet werden.

4.1 Struts

Das Struts-Framework wurde im Jahr 2001 veröffentlicht und hat sich seitdem weltweit zum meistgenutzten Framework für Webanwendungen entwickelt. Während dieses »klassische« Struts sehr oft produktiv eingesetzt wird, ist seit Beginn des letzten Jahres die neue Version *Struts 2* in der Java-Welt zu finden. Struts 2 integriert die Ansätze anderer Frameworks, insbesondere *WebWork*, um leichtere Handhabung und mehr Interoperabilität zu erzielen. Da Struts 2 noch sehr jung ist, befasst sich die folgende Bewertung (vgl. Abb. 2) mit dem klassischen Struts in Version 1.3.5.

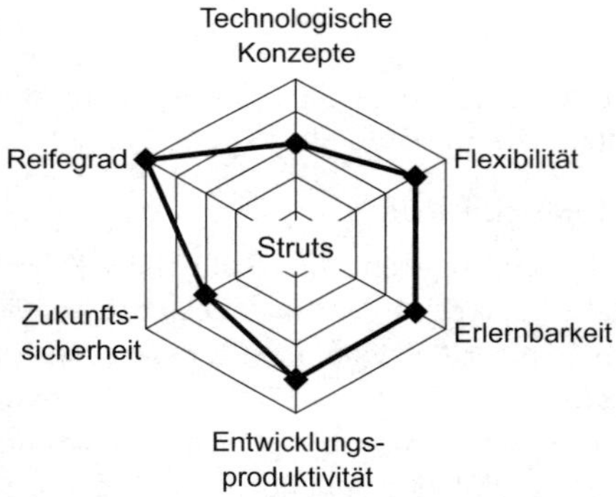

Abb. 2: Gesamtbewertung Struts

Technologische Konzepte und Funktionalität

Struts ist ein auf der MVC-Architektur basierendes Webframework und nutzt einen zentralen Einstiegspunkt zur Steuerung der gesamten Anwendung. Eingehende HTTP-Anfragen werden entsprechend ihrer URL auf Aktionen abgebildet, die für die Weiterverarbeitung der Anfrage zuständig sind. Die Weiterverarbeitung umfasst die Ausführung von Geschäftslogik und die Rückgabe einer Weiterleitungsinstanz zur Navigationsentscheidung. Anhand dieser Instanz und der beschriebenen Navigationsflüsse in der Konfigurationsdatei entscheidet das Einstiegsservlet über die dem Benutzer anzuzeigende HTML-Seite. Werden bei einer Anfrage Formulardaten übermittelt, speichert Struts die Information zur weiteren Bearbeitung (z. B. Plausibilitätsprüfungen) in Struts-spezifische FormBeans. Anschließend ist es üblich, diese Informationen aus den FormBeans in Modellobjekte, wie POJOs (Plain Old Java Objects) oder EJBs (Enterprise Java Beans), zu überführen bzw. zu kopieren [Weßendorf 2006]. Als Darstellungstechnologie verwendet Struts standardmäßig JavaServer Pages (JSP), es können aber auch andere View-Technologien eingesetzt werden. Für JSP liefert Struts eine eigene Tag-Bibliothek, deren Konstrukte HTML direkt als Seitenbeschreibungssprache rendern.

Flexibilität

Durch Implementierung der PlugIn-Schnittstelle von Struts kann eine Webanwendung oder das Framework selbst um eigene Funktionalität erweitert werden. Ebenso ist die Entwicklung von eigenen Validatoren und benutzerspezifischen Tags möglich. In Bezug auf die Interoperabilität von Struts mit JavaServer Faces (JSF) existiert eine Integrationsbibliothek namens *Struts Faces*. Deren Gebrauch ist allerdings aufgrund fehlender Reife allgemein nicht üblich. Eine wertvollere JSF-Unterstützung wird durch *Apache Shale*, ein aus Struts historisch gewachsenes Framework, erreicht.

Erlernbarkeit

Struts ist ein sehr gut dokumentiertes Framework, das zudem zahlreiche Bücher, Tutorials und Wikis bietet, die einem Einsteiger den Start erleichtern. Trotz alledem müssen Neulinge in der Webentwicklung einige Einarbeitungszeit einplanen. Insbesondere die Verfahren der Navigationsmodellierung sowie die Abbildung von Anfragen auf Aktionen sind die grundlegenden Konzepte von Struts, die es im Wesentlichen zu verstehen gilt.

Entwicklungsproduktivität

Die meisten Java-Entwicklungsumgebungen unterstützen die Erstellung von Webanwendungen mit Struts. Es gibt kaum ein Tool, das keine Unterstützung für Struts bereitstellt.

Die Wiederverwendung von Code ist aufgrund fehlender Technologie-Neutralität beim FormBean-Konzept mit Hindernissen verbunden. Die FormBeans sind mit einer frameworkspezifischen Signatur belegt und besitzen eine Abhängigkeit zur Servlet-Technologie, die bei Migrationsvorhaben eine Umprogrammierung der Anwendung erforderlich macht. Daher ist es meist sinnvoll, die FormBeans nicht als Modellobjekte im Sinne der MVC-Architektur zu nutzen, sondern als Transferobjekte zwischen Darstellung und Geschäftslogik. Dieses Charakteristikum bedeutet einerseits einen Mehraufwand durch aufwendiges Kopieren der Informationen aus FormBeans in Modellobjekte, macht andererseits aber die Wiederverwendung von Code im Struts-Framework möglich [Albrecht & Wolff 2006]. Das FormBean-Konzept schränkt auch die Testbarkeit der Anwendung ein. Es ist nicht ohne Weiteres möglich, Unit Tests unabhängig vom Servlet-Container durchzuführen. Für das Testen der Struts `Action`-Klassen sind spezielle Testprogramme wie *StrutsTestCase* oder *Cactus* notwendig.

Zukunftssicherheit

Die Popularität des im unternehmerischen Umfeld wohl am häufigsten eingesetzten Webframeworks zeigt sich insbesondere an der großen Vielfalt an Büchern und Tools, die auf dem Markt angeboten werden. In Bezug auf die Unterstützung von Standardtechnologien setzt Struts konsequent auf den vorhandenen Webstandards auf. Jedoch bietet es keine Portlet-Unterstützung im Sinne von JSR168. Für den Einsatz von Struts-Anwendungen im Portalumfeld ist daher die Nutzung einer Brücke, z. B. *Struts Bridge*, notwendig.

Reifegrad

Das Struts-Framework ist nach insgesamt sieben Releases und drei Versionssprüngen das wohl reifste und stabilste Webframework in der Java-Welt.

4.2 Spring MVC

Spring MVC ist integrierter Bestandteil des *Spring Application Framework*. Das ehrgeizige Ziel des Webframeworks ist es, größtmögliche Flexibilität und Offenheit zu anderen Technologien im Markt zu erreichen (vgl. Abb. 3).

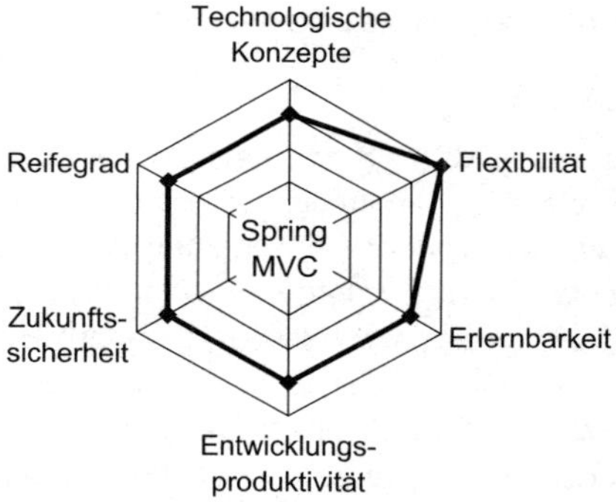

Abb. 3: Gesamtbewertung Spring MVC

Technologische Konzepte und Funktionalität

Spring MVC nutzt ebenso wie das Struts-Framework ein zentrales Servlet zur Steuerung der gesamten Anwendung [Johnson et al. 2007]. Das `DispatcherServlet` nimmt die Anfragen entgegen und delegiert diese an einen verantwortlichen Controller. Der zugewiesene Controller führt Geschäftslogik aus und sendet die aktuellen Modelldaten inklusive Information über die zu rendernde Seite an das Servlet zurück. Die Übergabe der Benutzerdaten aus den Formularfeldern in Modellobjekte vollzieht das Framework automatisch ohne lästigen Aufwand für den Programmierer. Ermöglicht wird dies durch einen Binding-Mechanismus, der es erlaubt, einzelne Felder mit Eigenschaften von Objekten – unabhängig vom Typ – zu verknüpfen. Ein weiterer Vorteil von Spring MVC ist, dass sich das Framework selbst um die Erzeugung und Initialisierung der Objekte (Dependency Injection) kümmert, vorausgesetzt die jeweiligen Objekte sowie deren Eigenschaften wurden in einer Konfigurationsdatei deklariert. Für die Darstellung können diverse Technologien mit unterschiedlichen Ausgabeformaten eingesetzt werden. So lassen sich je nach gewählter Darstellungstechnologie anstelle von HTML auch PDF, XML oder MS-Office-Dokumente generieren. Spring MVC bietet somit eine vollständige Entkopplung der Darstellung von den Modelldaten, was als eine der großen Stärken des Frameworks anzusehen ist.

Flexibilität

Da Spring MVC grundlegend auf Flexibilität ausgelegt ist, verwundert es nicht, dass dem Entwickler zahlreiche Erweiterungspunkte angeboten werden. Unter anderem kann das Binding-System mit eigenen Bindungsmechanismen erweitert oder der Kontrollfluss von Formularen individuell angepasst werden. Auch bei der Erstellung eigener Validatoren und der schon erwähnten Darstellungstechnologien zeigt sich das Rahmenwerk sehr offen. Zur Zusammenarbeit mit anderen Webframeworks bietet das Spring Application Framework – nicht Spring MVC selbst – Integrationsmöglichkeiten sowohl für Struts als auch für JSF. Spring ist also nicht an Spring MVC gebunden, wenngleich Spring MVC gleichzeitig mit Struts oder JavaServer Faces genutzt werden kann. Jedoch ist eine parallele Nutzung der Webframeworks innerhalb einer Anwendung als weniger sinnvoll zu betrachten.

Erlernbarkeit

Während die Dokumentation als gut befunden werden kann, existiert auf dem Markt relativ wenig tiefer gehende Literatur. Außerdem mangelt es an ausführlichen Tutorials mit Beispielen zu komplexen Problemstellungen. Hinsichtlich des Komplexitätsgrades ist bei Spring MVC aufgrund des außerordentlich flexiblen Charakters ein größerer Konfigurationsaufwand im Vergleich zu Struts auszumachen, der nur teilweise durch das einfache Binding-Konzept kompensiert werden kann.

Entwicklungsproduktivität

Zur Entwicklung von Webapplikationen mit dem Spring-Framework bieten die Hersteller insbesondere Tools für leichteres Konfigurationsmanagement an. Jedoch ist die Anzahl an Entwicklungswerkzeugen, speziell für Spring MVC, relativ überschaubar. Eines dieser Werkzeuge ist das Eclipse-Plug-in *Gaijin Studio*. Die Wiederverwendbarkeit von Code sowie die Testbarkeit der Anwendung sind zwei große Stärken, da Spring MVC konsequent auf normale Java-Objekte setzt. Diese können wiederverwendet und unabhängig getestet werden. Ein weiterer Produktivitätsfaktor ist die Fähigkeit, auf einfache Art und Weise Testdaten via XML-Konfiguration erstellen zu können.

Zukunftssicherheit

Die stetig wachsende Popularität des Spring Application Framework trägt dazu bei, dass auch Spring MVC bei der Entwicklung von Webanwendungen vermehrt zum Einsatz kommt. Die Anzahl der am Markt befindlichen Bücher und Werkzeuge ist nicht so signifikant wie bei Struts, jedoch ist zu berücksichtigen, dass Spring MVC eine deutlich jüngere Technologie ist. Das Rahmenwerk orientiert sich an allen derzeitigen Standards und kann in Verbindung mit Spring Web Flow in Portlet-Containern zum Einsatz kommen.

Reifegrad

Die erste Version von Spring wurde im März 2004 veröffentlicht. Seitdem gab es zwei neue Releases und im Oktober 2006 einen Versionshub auf Spring 2.0.

4.3 JavaServer Faces

JavaServer Faces (JSF) ist ein vom Java Community Process standardisiertes Präsentationsframework zur »Entwicklung von grafischen

Oberflächen für serverseitige Anwendungen« [Taboada 2005]. Seit März 2004 erweitert die JSF-Referenzimplementierung von Sun Microsystems die JEE-Plattform. Zudem existieren weitere Implementierungen der Spezifikation, wobei hier im Wesentlichen *Apache MyFaces* zu nennen ist.

Technologische Konzepte und Funktionalität

JavaServer Faces ist im Gegensatz zu Struts und Spring MVC ein ereignisgesteuertes, komponentenbasiertes Framework. Jedes GUI-Element einer Webseite, ein Button, Link oder Textfeld, wird serverseitig in einer Baumstruktur gespeichert und repräsentiert somit den Zustand der angezeigten Benutzeroberfläche. Dies hat den Vorteil, dass der Status eines einzelnen Elements erfasst und eine Zustandsänderung durch Auslösen eines Ereignisses an das Framework bzw. an die Webanwendung propagiert werden kann.

Trotz dieser Unterschiede nutzt auch JSF ein zentrales Servlet zur Bearbeitung aller eingehenden HTTP-Anfragen. Nach Entgegennahme der Anfrage wird ein definiertes Phasenmodell gestartet, anhand dessen eintreffende Ereignisse und Aktionen entsprechend der Geschäftslogik verarbeitet werden können. Das Phasenmodell ist dabei so gestaltet, dass individuelle Anforderungen einer Applikation adaptiv und effizient umgesetzt werden können. Ein weiterer großer Vorteil von JavaServer Faces ist die Kapselung der Rendering-Funktionalität. JSF nutzt zum Rendern der Ausgabeseiten einen flexiblen Mechanismus, der es erlaubt, bestimmte JSF-Tag-Komponenten verschiedenartig auszugeben – sowohl inhaltlich als auch in verschiedenen Beschreibungssprachen (HTML, WML etc.). Diese Eigenschaft unterscheidet JavaServer Faces von den meisten anderen Webframeworks.

Die Interaktion mit Modellobjekten realisiert JSF über spezielle Ausdrücke (Expressions), die eine direkte Verdrahtung mit Eigenschaften oder Methoden normaler Java-Objekte möglich machen.

Flexibilität

JSF bietet ein großes Spektrum an erweiterbaren Mechanismen. Neben der Möglichkeit, in die Generierung der Darstellung einzugreifen (*View Handler*), kann auch die Steuerung der Navigation (*Navigation Handler*), der Zugriff auf Objekte (*Application Factory*) und die Zustandsverwaltung der Komponenten bzw. des Komponentenbaums (*State Manager*) angepasst und erweitert werden. Selbst ein Eingriff in das Phasenmodell ist möglich [Sun Microsystems]. Die Entwicklung eigener Validatoren und UI-Komponenten zählt ebenso zu den zahlreichen Vorteilen. Das Rahmenwerk ist so konzipiert, dass es mit verschiedenen Frameworks zusammenarbeiten kann. Apache Shale oder Spring sind nur zwei Möglichkeiten.

Erlernbarkeit

JSF ist ein sehr gut dokumentiertes Framework, das zudem durch zahlreiche Bücher und Tutorials den Einstieg erleichtert. Im World Wide Web sind zahlreiche Foren zu finden, deren User bei Problemen Auskunft geben könnten. So gut das Framework auch dokumentiert ist, das darf nicht darüber hinweg täuschen, dass JavaServer Faces im Vergleich zu Struts oder Spring MVC wesentlich komplexere Strukturen beinhaltet und daher schwieriger zu erlernen ist. Insbesondere das Verständnis für das Komponentenkonzept und die Ereignisbehandlung im Zuge des Lebenszyklus einer HTTP-Anfrage benötigt einige Einarbeitungszeit.

Entwicklungsproduktivität

Die Industrie bietet für JavaServer Faces eine Reihe von Werkzeugen an. Im Grunde stellen alle großen und etliche kleinere Anbieter JSF-Unterstützung in ihren Entwicklungswerkzeugen bereit. Dabei kommen meist grafische Editoren zum Einsatz. Mit diesen bietet sich Entwicklern die Möglichkeit, die Seitenerstellung ohne Quelltextcodierung zu realisieren. Neben dem Aspekt der Werkzeugunterstützung besticht JSF durch Wiederverwendbarkeit und

Testbarkeit von Komponenten bzw. Code, da auch hier reine Java-Objekte zur Abbildung des Geschäftsmodells genutzt werden. Zudem kann die Instanziierung und Initialisierung von Objekten via Dependency Injection erfolgen, sodass auch eine vernünftige Testdatengenerierung möglich ist.

Zukunftssicherheit

Die Beliebtheit des Frameworks ist allein an der Vielzahl an Büchern abzulesen, die in den letzten drei Jahren auf dem Markt erschienen sind. Auch die große Werkzeugunterstützung zeigt das Interesse an JSF. Die Tatsache, dass JSF selbst ein Standard ist und zum Java-EE-5-Paket gehört, unterstreicht die Nachhaltigkeit des Frameworks. Neben der Einhaltung der gängigen Webstandards wurde auch auf Kompatibilität zur Portlet-Technologie geachtet.

Reifegrad

JavaServer Faces ist ein vergleichsweise junges Rahmenwerk zur Entwicklung von Webanwendungen. Im März 2004 wurde der Standard auf den Markt gebracht und ist derzeit in Version 1.2 veröffentlicht.

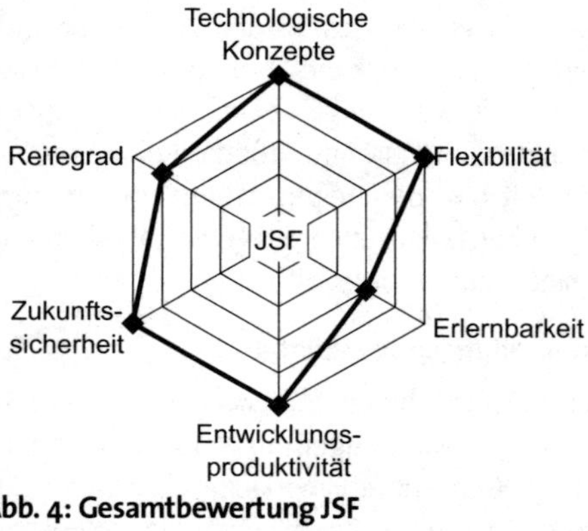

Abb. 4: Gesamtbewertung JSF

5 Schlussfolgerungen

Insgesamt lässt sich festhalten, dass jedes der evaluierten Webframeworks spezielle Stärken besitzt und in mindestens einem der untersuchten Gesichtspunkte sehr gute Werte vorweist.

Während Struts hinsichtlich Flexibilität, Erlernbarkeit und Entwicklungsproduktivität gute Werte besitzt (vgl. Abb. 2), scheint die Zukunft aufgrund etwas veralteter technologischer Ansätze und des Einzugs neuerer Frameworks mit verbesserten Konzepten fraglich zu sein. Insbesondere die Abhängigkeit zur Servlet-Technologie und die mangelnde Wiederverwendbarkeit und Testbarkeit der Klassen sind als Kernschwächen von Struts auszumachen. Die große Stärke ist der Reifegrad des Frameworks. Struts wird in zahlreichen Projekten mit Erfolg eingesetzt und besitzt daher auch eine große Anhängerschaft. Mittelfristig wird Struts weiterhin eine bedeutende Rolle in der Webentwicklung spielen, jedoch ist für ein längerfristiges Dasein das Schließen der konzeptionellen Lücken notwendig.

Das Spring-MVC-Framework ist insgesamt sehr ausgeglichen und weist in allen Kategorien gute Werte auf (vgl. Abb. 3). Die konsequente Verwendung von POJOs sowie der Datentransfer sind die wesentlichen technologischen Vorteile gegenüber Struts. Die Offenheit, mit anderen Technologien und Systemen zusammenzuarbeiten, und die ausgeprägte Erweiterbarkeit verdeutlichen die große Flexibilität von Spring MVC. Zwar ist das Framework nicht annähernd so populär, doch die Ausgeglichenheit und Flexibilität machen es zu einer guten Alternative für die Entwicklung von Webanwendungen.

JavaServer Faces glänzt durch neue technologische Konzepte, hohe Flexibilität und besonders ausgeprägte Entwicklungsproduktivität (vgl. Abb. 4). Die Verwendung normaler Java-Objekte und die Möglichkeit, eigene UI-Komponenten zu entwickeln, tragen zu einer hohen Wiederverwendbarkeit von Layout und Code bei. Außerdem bieten die Hersteller eine breite Palette an JSF-Werkzeugen an, die eine effiziente Erstellung von Webprojekten fördern. Obwohl zahlreiche Bücher und Tutorials existieren und JSF ein gut dokumentiertes Webframework ist, benötigen Einsteiger in der Webentwicklung aufgrund der Komplexität des Frameworks eine gewisse Einarbeitungszeit.

So aussagekräftig eine ganzheitliche Entscheidung auf Basis der eingeführten Kriterien auch zu sein scheint, neben diesen Faktoren sind auch stets die individuellen Projektbedingungen mit einzubeziehen. So kann sich die Wahl eines funktional schlechter ausgestatteten, aber dafür leichter erlernbaren Webframeworks als bessere Alternative erweisen, wenn bei Konsolidierung der Projektbedingungen das zur Verfügung stehende Entwicklerteam die einzusetzende Technologie erst neu erlernen muss. Eine generelle Entscheidungsempfehlung gibt es daher nicht. Es sollte bei jedem Projekt individuell abgewogen werden, welches Webframework am geeignetsten ist.

Insgesamt lässt sich jedoch festhalten, dass JSF in allen Kategorien mit guten bis sehr guten Werten aufwartet und daher insbesondere bei der Entwicklung neuer Webprojekte empfohlen werden kann. Für eine schrittweise Migration bestehender Webprojekte auf JavaServer Faces bieten sowohl Struts als auch Spring Integrationsmöglichkeiten an [McClanahan 2007]. Allerdings sollte eine Migration in einem positiven Kosten-Nutzen-Verhältnis stehen. Bei kleineren Änderungen ohne gravierende Einschnitte rechtfertigen die Vorzüge meist den Aufwand nicht. Daher ist bei geringen Weiterentwicklungen oder Wartungsvorgängen die weitere Nutzung des bestehenden Rahmenwerks die sinnvollere Alternative.

6 Ausblick

Zukünftig werden Webframeworks weiterhin ein bedeutender Faktor für das effiziente Entwickeln von Webanwendungen sein. Besonders JavaServer Faces wird in Projekten immer größere Anwendung finden. Zusammen mit neuen Techniken und Diensten in Sinne von Web 2.0, wie beispielsweise Ajax, mit deren Hilfe sich Webanwendungen interaktiver und benutzerfreundlicher gestalten lassen, wird die Entwicklung wiederverwendbarer JSF-Komponenten spürbar an Bedeutung gewinnen. Interessant wird es sein, die Entwicklung des Struts-Frameworks weiter zu verfolgen. Zwar wird Struts mittelfristig weiterhin Verwendung in Webanwendungen finden, jedoch lassen die strukturellen Schwächen und die für Open-Source-Projekte untypisch langen Releasezyklen Zweifel an der Langlebigkeit des Frameworks aufkommen. Durch Struts 2 könnte das Rahmenwerk jedoch neue Fahrt aufnehmen.

7 Literatur

[Albrecht & Wolff 2006] *Albrecht, Michael; Wolff, Manfred:* Quo vadis Struts? Java Magazin 6/2006.

[Johnson et al. 2007] *Johnson, R. et al.:* Spring Reference Documentation, Version 2.0.2. 2007.

[McClanahan 2006] *McClanahan, Craig:* The State of Web Frameworks, Java Symposium, 2006, *http://javasymposium.techtarget.com/resources/Presentations/Vegas%2006/C%20McClanahan%20The%20State%20Of%20Web%20Frameworks.zip*; Zugriff am 08.06.2007.

[McClanahan 2007] *McClanahan, Craig:* JavaServer Faces and Struts: Competition or Coexistence? *www.baychi.org/calendar/files/Struts-And-Faces/Struts-And-Faces.pdf*; Zugriff am 25.05.2007.

[Sun Microsystems] *Sun Microsystems, Inc.:* JavaServer™ Faces Specification, Version 1.1.

[Taboada 2005] *Taboada, Papick:* Von Sackgassen und Neubaustraßen. Java Magazin 10/2005.

[Weßendorf 2006] *Weßendorf, Matthias:* Struts – Websites mit Struts 1.2 & 1.3 und Ajax effizient entwickeln. W3L-Verlag, 2006.

Sebastian Münz MSc
PENTASYS AG
Rüdesheimer Str. 9
80686 München
sebastian.muenz@pentasys.de
www.pentasys.de

Prof. Dr. Peter Mandl
Hochschule für angewandte Wissenschaften
Fachhochschule München
Fachbereich Wirtschaftsinformatik
Lothstr. 34
80335 München
mandl@cs.fhm.edu
www.informatik.fh-muenchen.de

Benjamin Müller, Götz Viering, Frederik Ahlemann, Gerold Riempp

Ökonomisches Potenzial serviceorientierter Architekturen

Vom qualitativen Wirkungsmodell zur Wirtschaftlichkeitsanalyse

Die betriebliche IT befindet sich (wieder einmal) in einem fundamentalen Wandel. Stand zuvor die Entwicklung und Bereitstellung von Applikationen sowie der Betrieb von IT-Infrastruktur im Mittelpunkt der Tätigkeit, so rückt heute die Dienstleistungsorientierung ins Zentrum. Im Kern geht es dabei um die zielgerichtete Beschaffung von IT-Ressourcen, ihren Einsatz zur Erstellung wertschöpfender IT-Lösungen und die Bereitstellung dieser Lösungen in Form von Dienstleistungen. Die betriebliche IT steht dabei gegenüber dem internen Kunden häufig im Wettbewerb mit externen Dienstleistern.

Ein technisches Konzept, das die Dienstleistungsorientierung auf der Ebene der Informationssysteme (IS) unterstützt, ist die serviceorientierte Architektur (SOA). Diese wird vielfach als »Enabler« gesehen, um dem oben beschriebenen Wandel auch im Bereich der Applikationen proaktiv zu begegnen und die IT »agiler« zu gestalten.

Ob das Konzept der SOA diese Versprechen nicht nur technisch, sondern auch wirtschaftlich einlösen kann, wird kontrovers diskutiert. Basierend auf dem Vorschlag eines Wirkungsmodells für SOA, das ausgehend von den technischen Eigenschaften eine Aussage über die ökonomischen Potenziale zulässt, werden Grundzüge einer monetären Wirtschaftlichkeitsanalyse für eine SOA dargelegt.

Inhaltsübersicht

1 Einführung

Eine SOA ist weder ein bestimmtes Produkt noch an eine bestimmte Art der technischen Implementierung gebunden. Allerdings sind mittlerweile viele SOA-orientierte Plattformen als Middleware-Systeme verfügbar, die diese Prinzipien verwirklichen. An die Nutzung der Plattformen ist die Erwartung gebunden, dass diese Effizienzsteigerungen in den Bereichen der Applikationsentwicklung, -integration, -betrieb und -anpassbarkeit bewirken. Ausdruck findet diese Erwartung in der Verwendung von Begriffen wie »Flexibilität« und »Agilität«. Aus Sicht eines IT-Verantwortlichen ist jedoch meist unklar, ob und wie diese Potenziale von SOA zu einer messbaren Leistungsverbesserung in der IS-Landschaft führen und wie diese monetär bewertet werden kann.

2 Methodik

Es wurde im Rahmen einer Felduntersuchung von Januar bis Februar 2006 in der Automobil- und der Bankenbranche eine qualitative Erhebung mit 29 Führungskräften und Fachexperten durchgeführt. Grundlage dieser Erhebung bildete zunächst die systematische Auswertung von in der Literatur postulierten technischen und ökonomischen Potenzialen von SOA sowie anschließend deren Bewertung durch die Befragten in Leitfaden-basierten Interviews. Da die Autoren davon ausgehen, dass der Wertbeitrag von SOA in hohem Maße vom Geschäftsmodell und der entsprechenden Funktion der IT abhängt, wurden in den Interviews das Geschäftsmodell, die Dynamik des Geschäftsumfeldes sowie die Bedeutung externer Partner thematisiert. Die Befragten wurden darüber hinaus gebeten, ihre Einschätzung bezüglich der *notwendigen* Kosten-Nutzen-Relation einer SOA abzugeben. Als Gesprächspartner wurden jeweils sowohl Vertreter der Fach- als auch der IT-Seite gewählt. Die Untersuchung wurde durch die Befragung von Branchen- und IT-Experten aus Unternehmensberatungen und IT-Dienstleistern vervollständigt.

3 Allgemeines Wirkungsmodell

Der Grundgedanke des im Folgenden vorgestellten Wirkungsmodells ist es, abstrakte technische Konzepte wie SOA so weit aufzugliedern, bis ihre Anwendung konkret greifbar wird. Diese anwendbaren technischen Eigenschaften werden dann mit geschäftlichen Anforderungen verknüpft, zu deren Erfüllung sie beitragen und so ökonomischen Nutzen stiften. Auf diese Weise werden Wirkungsbeziehungen zwischen den technischen Eigenschaften von SOA und ihrer ökonomischen Wirkung hergestellt.

Durch die stufenweise Detaillierung von technischen Möglichkeiten und die anschließende Verdichtung zu ökonomischem Potenzial erhält das Modell eine rautenförmige Struktur (vgl. Abb.1).

An den beiden äußeren Punkten stehen die beiden Kernbegriffe »serviceorientierte Architektur« und »ökonomisches Potenzial«.

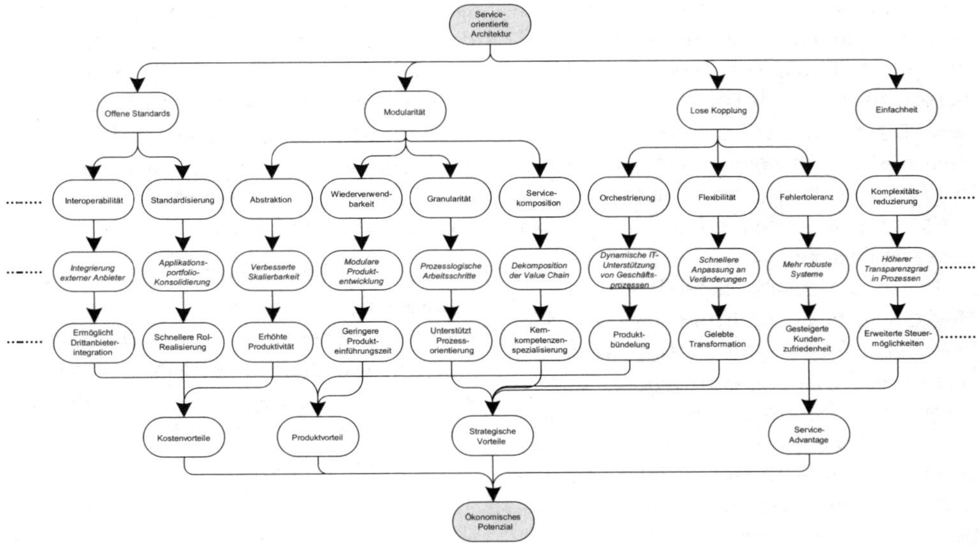

Abb. 1: Ausschnitt des allgemeinen Wirkungsmodells

Auf der technischen Seite folgen die Kernprinzipien und anschließend die theoretisch möglichen technischen Potenziale. Die gleiche Vorgehensweise wird auf das Konzept des ökonomischen Potenzials angewendet. Die erste Detaillierungsstufe bilden ökonomische Nutzengruppen, wie zum Beispiel »Produktvorteile«. Diese werden wiederum durch eine Reihe von betriebwirtschaftlichen Werttreibern genauer beschrieben, die abhängig von der Unternehmensstrategie sind und deshalb hier nur beispielhaft wiedergegeben werden.

Die beiden aufgegliederten Teilmodelle werden nun auf der sogenannten Integrationsebene verbunden, indem die theoretischen technischen Potenziale mittels Bindegliedern mit den passenden betriebswirtschaftlichen Werttreibern verknüpft werden.

Zur Verdeutlichung dieser Vorgehensweise wird eine Wirkungskette kurz erläutert: Vom Kernbegriff »SOA« über das Kernprinzip der »offenen Standards« folgt, dass die Verwendung dieser offenen Standards auch eine »Standardisierung« der Services nach sich ziehen wird. Diese Folgerung basiert zum einen auf der Tatsache, dass Funktionsblöcke, die heute in mehreren monolithischen Applikationen an verschiedenen Stellen mehrfach enthalten sind, durch die Auflösung in Services nur noch einmal vorgehalten werden müssen. Zum anderen kann die Funktionalität eines Service, da er auf offenen Standards beruht, auch von anderen Umgebungen aus genutzt werden. Sie ist also von darunter liegenden technischen Spezifikationen unabhängig.

In der Konsequenz bietet SOA damit die Möglichkeit, heute noch mehrfach vorgehaltene Funktionsblöcke für dieselbe Tätigkeit in einem wiederverwendbaren Service zu konsolidieren und in diesem Zuge auch zu standardisieren. Daraus ergeben sich für diesen Service im Vergleich zum vorigen Zustand geringere Nutzungskosten und eine schnellere Amortisation der Investitionen. Mit dieser Verknüpfung ist der Schritt aus dem technischen in den betriebswirtschaftlichen Teil des Wirkungsmodells gemacht. Aus geringeren Nutzungskosten für einen Service ergeben sich reduzierte Prozesskosten in allen Geschäftsprozessen, die durch diesen Service unterstützt werden. Diese Ersparnis bei den Prozesskosten bildet schließlich einen Teil des ökonomischen Potenzials von SOA. Zusammen mit anderen vergleichbaren Wirkungsketten stellt sich das allgemeine Wirkungsmodell wie in Abbildung 1 gezeigt dar.

Die beispielhaft erläuterte Wirkungsbeziehung illustriert nur einen kleinen Teil des in Abbildung 1 dargestellten Katalogs an möglichen ökonomischen Wirkungen einer SOA. Dieser wurde auf Basis der Erkenntnisse aus der Literatur sowie den Untersuchungen in den beiden Branchen erstellt. Insgesamt wurden 40 verschiedene Modellelemente identifiziert und in Wirkungsketten verknüpft.

4 Spezifische Wirkungsmodelle

Nicht alle der in Abbildung 1 dargestellten Wirkungsbeziehungen sind in allen Unternehmen von gleicher Bedeutung. Dies wurde anhand der Erhebungen in der Banken- sowie Automobilbranche deutlich. Dabei ist festzustellen, dass die Rolle betrieblicher Informationssysteme (IS) maßgeblich vom Geschäftsmodell eines Unternehmens abhängt. Dies wird auch in Zukunft für SOA-basierte IS gelten. Dabei gibt es eine Reihe von Fragen, die ein Unternehmen als Ausgangspunkt für die systematische Auseinandersetzung mit SOA beantworten muss:

- Welche Funktion liefern IS zur Unterstützung unserer Geschäftsprozesse?
- Welche Rolle spielt die betriebliche IT-Abteilung im Verhältnis zu den Fachabteilungen?
- Für welche strategischen Stoßrichtungen werden IS in der jeweiligen Branche genutzt?
- Welchen Erneuerungszyklen unterliegen die IS?

Um den branchenspezifischen Zusammenhang zu verdeutlichen, werden hier zwei Beispiele aus den zugehörigen Wirkungsmodellen vorgestellt. Diese basieren auf tatsächlichen Fällen, die im Rahmen der Feldstudie erhoben wurden.

4.1 Fallbeispiel: Bankenbranche

Banken agieren heute in einem sehr dynamischen Umfeld. Vor allem die Internationalisierung des Wettbewerbs und die Neuordnung klassischer Wertschöpfungsketten sind zentrale Treiber des Wandels in dieser Branche. So drängen Großbanken aus dem europäischen Ausland über Direktvertriebskanäle wie das Internet auf den deutschen Markt und spezialisierte Anbieter wie »Kreditfabriken« machen dem klassischen Kreditinstitut in dessen Kernmarkt Konkurrenz.

Gerade das Internet verdeutlicht dabei im Zusammenhang mit Onlinebanking die Rolle von IS. Hier sind nicht nur alle Produkte und Transaktionen in Informationssystemen abgebildet, sondern auch der gesamte Vertriebsweg. IS können hier durch ihre Unentbehrlichkeit als kritischer Erfolgsfaktor im engsten Sinne verstanden werden.

Eine Wirkungsbeziehung aus dem in Kapitel 3 vorgestellten allgemeinen Wirkungsmodell, die vor allem im Bankenkontext von besonderer Relevanz ist, stellt Abbildung 2 dar.

Einer der zentralen Treiber ökonomischen Potenzials sind Produktvorteile. Im Allgemeinen ist die Wettbewerbsintensität im Bankenmarkt sehr hoch. Ein Kunde kann bei Nichtgefallen innerhalb weniger Stunden beispielsweise ein Girokonto bei einem Konkurrenten eröffnen. Selbst das kurzfristige Umschulden großer Hypotheken ist, bei entsprechend ausgestalteten Verträgen, heute kein Problem mehr.

Ein zentrales Problemfeld, das von den interviewten Experten beschrieben wurde, ist hierbei die Produktentwicklung. Anstatt zeitnah auf Entwicklungen der Konkurrenz oder spezifische Kundenwünsche reagieren zu können, dauert der Prozess der Produktentwicklung von der Designidee bis zur Implementierung oft viele Wochen. Der Vorteil, schnell am

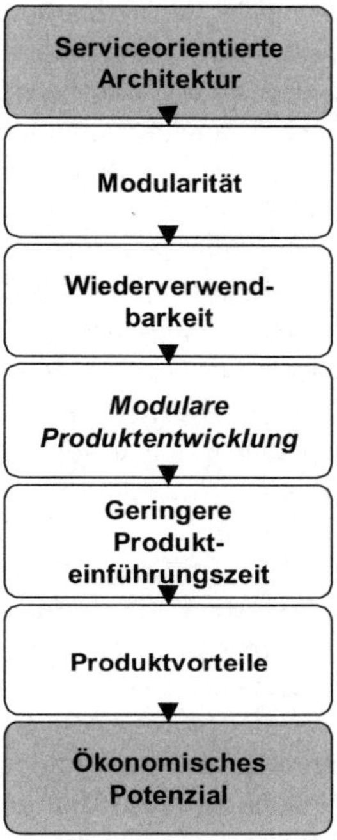

Abb. 2: Wirkungsbeziehung Bankenbranche

Markt zu sein, wird jedoch als wesentliche Wettbewerbsgröße gesehen. Wäre eine neue IS-Architektur in der Lage, zu einer signifikanten Reduktion der Produkteinführungszeit beizutragen, so würde dies erhebliches ökonomisches Potenzial für eine Bank erschließen.

Bei der Untersuchung von SOA im Hinblick auf diese Fähigkeit stößt man auf das Kernprinzip der Modularität. Denn in einem System, dessen einzelne Teile in kleinen, funktional orientierten und gekapselten Modulen realisiert sind, können diese auf Wunsch neu zusammengefügt werden. In einer SOA ist so eine Wiederverwendbarkeit von einmal implementierten Teilen selbst in anderen Zusammenhängen möglich (Voraussetzung ist dabei natürlich die semantische Kompatibilität der Zustände).

Die Fähigkeit zur modularen Produktentwicklung verbindet hier technisches und ökonomisches Potenzial. Dieser sehr stark an die kundenindividuelle Maßanfertigung erinnernde Ansatz sieht vor, dass verschiedene funktionale Services verwendet werden, um einer bestimmten Kundengruppe ein individuelles Produkt anzubieten. Durch den Rückgriff auf einen »Baukasten« an vordefinierten Modulen ist dieser Prozess in sehr kurzer Zeit möglich.

Die Sinnhaftigkeit dieses Ansatzes wurde unter anderem von verschiedenen Fachbereichen einer deutschen Großbank bestätigt. Doch während auf der Fachseite dieses Vorgehen heute schon theoretisch möglich wäre, fühlt sich diese durch zu statische IT-Prozesse in der Umsetzung behindert.

Auch ein IT-Dienstleister, der auf das Design und den Betrieb von IS für große Banken spezialisiert ist, unterstrich dieses ökonomische Potenzial. Aus seiner Sicht müssen aber die Fachbereiche das prozessorientierte Denken noch besser umsetzen. Nur wenn dadurch die richtige Granularität von Services getroffen wird, ist sinnvolle Wiederverwendung denkbar.

Ebenso sehen die befragten IT-Abteilungen das ökonomische Potenzial dieses Ansatzes. Kosten und Aufwand für den Betrieb der existierenden, hochkomplexen Systemlandschaft lassen heute jedoch nicht genügend freie Ressourcen, um den Fachbereichen schnell und flexibel entgegenzukommen.

Verschiedene Befragte berichten von Pilotprojekten, in denen das ökonomische Potenzial von SOA getestet wurde. Eine signifikante Verbesserung war feststellbar. So konnte eine Bank durch die SOA-orientierte Konsolidierung von vertrieblichen IS die Wartungs- und Betriebskosten überproportional senken.

Eine weitere auf dem deutschen Markt vertretene europäische Großbank hat in einer Testumgebung bereits eine Migration der existierenden Systemlandschaft in eine serviceorientierte Umgebung simuliert. Dabei zeigten sich im Applikationsportfolio Überschneidungen von über 30 %. Eine Konsolidierung in einer SOA kann laut ersten Berechnungen zu einem Umschichten von Wartungs- zu Projektmitteln in Höhe von fast 5 % des IT-Jahresbudgets führen.

Diese Beispiele zeigen, dass in SOA ein signifikantes ökonomisches Potenzial für Banken steckt. In den Interviews gaben 17 von 18 Befragten dieser Branche an, dass die Serviceorientierung ihrer IS eine wichtige Strategie für die Zukunft ist.

4.2 Fallbeispiel: Vertrieb in der Automobilbranche

Auch im Automobilvertrieb spielen IS eine immer wichtigere Rolle für alle beteiligten Akteure wie Fahrzeughersteller (OEM), Importeur und Händler.

In der Zusammenarbeit zwischen diesen Akteuren unterstützen IS insbesondere auch mehr und mehr verkaufsfördernde Funktionen. Heute haben nicht nur OEMs CRM-Systeme, Internetauftritte und Lieferantenmanagementsysteme, sondern Importeure und Händler setzen diese Hilfsmittel ebenfalls ein. Folglich haben alle Befragten im Automobilvertrieb den Einsatz von IS als essenziell oder wichtig beschrieben.

Welchen Beitrag eine SOA im Automobilvertrieb leisten kann, soll anhand des folgenden Beispiels illustriert werden.

In einem großen Automobilkonzern gibt es über 50 verschiedene Car-Konfiguratoren, mit deren Hilfe Kunden auf der Webseite der jeweiligen Automobilmarke online ein Fahrzeug mit Ausstattung zusammenstellen können und Preisangaben erhalten. Das Grundprinzip der Konfiguration ist hierbei immer gleich und es ist daher fraglich, ob der Betrieb und die Weiterentwicklung von über 50 grundverschiedenen Applikationen für denselben Zweck sinnvoll ist.

Eine Wirkungskette, die diesen Fall adressiert, zeigt Abbildung 3.

Das Kernprinzip der Modularität bildet die Grundlage dafür, dass zentrale Services eines Car-Konfigurators wiederverwendet werden können. Insofern ist es innerhalb eines großen Automobilkonzerns möglich, diese Services für

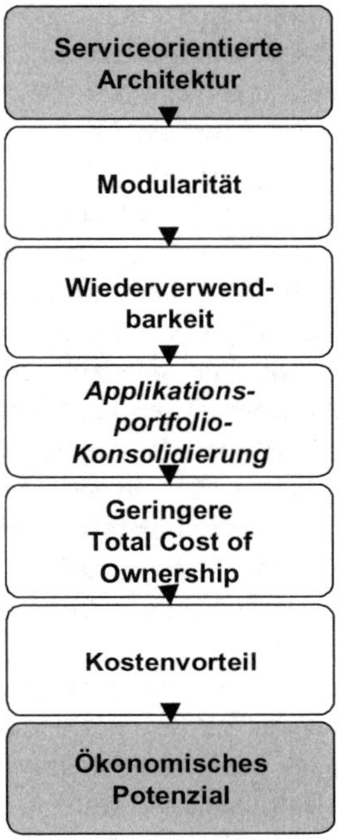

Abb. 3: Wirkungsbeziehung Automobilvertrieb

Car-Konfiguratoren in den markenspezifischen Web-Auftritten in allen Ländern einzusetzen und auch zwischen den Marken einheitlich zu nutzen. Die Konsequenz ist eine deutliche Konsolidierung des Applikationsportfolios.

Insgesamt treten dadurch geringere Total Costs of Ownership auf, da erstens die Erstellung der jeweiligen Services nur einmal anfällt, zweitens Wartung und Aktualisierung nur einmal erfolgen müssen und drittens weniger Komplexität durch eine reduzierte Anzahl an Applikationen gegeben ist. Resultierend ergibt sich ein Kostenvorteil, der in das ökonomische Potenzial einer SOA im Hinblick auf Car-Konfiguratoren eingeht.

Ein weiterer Treiber in Richtung SOA ergab sich bei der Befragung. Im Automobilvertrieb sind heute die in den IS abgebildeten Prozesse häufig die Grundlage für Geschäftsprozesse und nicht wie gewünscht umgekehrt. Beim Einsatz von Standardapplikationen heutiger Technologie lässt sich dies jedoch selten vermeiden, da individualisierte Lösungen aus strategischer und finanzieller Sicht meist nicht infrage kommen.

Flankiert wird dies durch die Forderung der Fachseite zur Komplexitätsreduzierung des Applikationsportfolios sowohl innerhalb der einzelnen Konzernmarken auf nationaler und internationaler Ebene wie auch zwischen den verschiedenen Marken, vor allem durch Standardisierung.

Der vermeintliche Widerspruch zwischen Standardisierung einerseits und individualisierten Lösungen andererseits kann in einer SOA durch die Standardisierung von Services und Individualisierung ihrer Zusammensetzung gelöst werden.

Die Befragten sehen die hohen Realisierungskosten als größtes Hindernis für eine flächendeckende Umsetzung von SOA im Automobilvertrieb. Einige der Experten schätzten, dass 20 bis 30 % des gesamten IT-Budgets über mehrere Jahre für eine Realisierung von SOA aufgewendet werden müssten. Sie begründen dies mit der Tatsache, dass die bestehende IS-Landschaft zunächst in eine SOA konvertiert und als zweites viele neue oder ergänzende Services eingekauft werden müssten. Wie von mehreren Befragten betont, steht dieser Investitionsbedarf im Widerspruch zu dem enormen Kostendruck der IT-Abteilungen.

Eine schrittweise Umsetzung, angefangen in kleineren, aber wichtigen Bereichen wie zum Beispiel dem Gebrauchtwagengeschäft, wird deshalb als Ausweg gesehen.

Für den Automobilvertrieb kann also ebenfalls ökonomisches Potenzial für SOA identifiziert werden, was auch der einstimmigen Einschätzung der Interviewten dieser Branche entspricht. Sie berichten auch von ersten strategischen Projekten mit SOA bzw. von teilweisen Realisierungen von SOA innerhalb des Automobilvertriebs oder in anderen Unternehmensbereichen.

Als Fazit beider Fallbeispiele wird festgehalten, dass das ökonomische Nutzenpotenzial von SOA insbesondere von der Unternehmensstrategie und dem Geschäftsmodell eines Unternehmens abhängig ist. Eng damit verbunden spielen auch die IT-Strategie, beispielsweise im Bereich des Applikationsportfolios, und die sich daraus ergebende Aufgabe der IS eine wichtige Rolle.

5 Vom Wirkungsmodell zur Wirtschaftlichkeitsanalyse

Die oben beschriebenen unternehmensspezifischen Wirkungsmodelle können zur Entwicklung einer Wirtschaftlichkeitsanalyse von konkreten SOA-Vorhaben herangezogen werden. Das Ziel einer solchen Weiterentwicklung ist es, die bisher qualitativ beschriebenen Wirkungszusammenhänge zu quantifizieren und in Finanzmittelströme zu überführen. Nur so ist die Beurteilung von SOA-Projekten unter investitionsrechnerischen Gesichtspunkten möglich. Dabei wird ein SOA-Projekt mit dem Status quo oder einer nicht serviceorientierten Architektur verglichen. Welches Verfahren der Investitionsrechnung für den Vergleich der beiden Alternativen zum Einsatz kommt, wird hier offengelassen. Es wird lediglich davon ausgegangen, dass es sich um ein dynamisches, auf Ein- und Auszahlungsströmen basierendes Verfahren wie beispielsweise die Kapitalwertmethode handelt.

Das im Folgenden skizzierte Vorgehen kann für eine dem SOA-Vorhaben vorgelagerte Wirtschaftlichkeitsanalyse und als Grundlage für die Realisierungsentscheidung verwendet werden (»Ex-ante-Betrachtung«). Zudem kann es zur nachträglichen Prüfung des realisierten Nutzens verwendet werden (»Ex-post-Betrachtung«).

5.1 Operationalisierung der Einflussgrößen

Um das qualitative Modell für die Wirtschaftlichkeitsanalyse nutzbar zu machen, ist eine Operationalisierung der Einflussgrößen in Form von quantitativen Indikatoren erforderlich. Es müssen diejenigen Variablen des Wirkungsmodells ermittelt werden, bei denen sinnvolle Indikatoren möglich sind.

Als Faustregel gilt, je mehr Variablen quantitativ untermauert werden, desto genauer ist der ermittelte Wert der Wirtschaftlichkeitsanalyse. Dies trifft frühestens auf der Integrationsebene zwischen den theoretisch möglichen technischen Potenzialen und den betriebswirtschaftlichen Werttreibern zu, da eine technische Eigenschaft an sich noch keinen ökonomischen Nutzen bietet. Optimalerweise sind die erforderlichen Daten und Berechnungen für die Indikatoren im Unternehmen schon vorhanden.

Um eines der Beispiele aus Kapitel 4 fortzuführen, kann die Einflussgröße »Produkteinführungszeit« im Bankenbereich durch den folgenden Indikator präzisiert werden:

- *Name*: Durchschnittliche Änderungsantrags-Umsetzungszeit
- *Abkürzung*: UZ
- *Bedeutung*: Durchschnittliche zeitliche Dauer zwischen der Bereitstellung eines Änderungsantrags aus der Fachabteilung und der Inbetriebnahme einer entsprechenden Lösung im Produktivsystem der Bank
- *Maßeinheit*: Tage

Die Feststellung der für diesen Indikator erforderlichen Zeitpunkte ist in modernen IS in der Regel problemlos möglich.

Die Einflussgröße »Produktvorteil« kann durch den nachstehend beschriebenen Indikator erfasst werden:

:*Name*: Marktanteil
- *Abkürzung*: M
- *Bedeutung*: Quotient aus Anzahl der eigenen Kunden innerhalb eines definierten Marktsegments und Anzahl aller Kunden innerhalb dieses Marktsegments
- *Maßeinheit*: %

5.2 Quantifizierung der Wirkungsbeziehungen

Wenn die einzelnen Einflussgrößen nach der eben vorgestellten Methodik in Form von Indikatoren operationalisiert sind, besteht der nächste Schritt in der Modellierung des quantitativen Wirkungszusammenhangs zwischen den Indikatoren. Analog zu den Top-down-Wirkungsbeziehungen im qualitativen Modell soll es auf Basis der Indikatoren möglich sein, stufenweise den ökonomischen Nutzen sachlogisch stringent abzuleiten und zu berechnen. Vorgelagerte Indikatoren werden dabei zur Berechnung nachgelagerter Indikatoren herangezogen. Hierzu ist ein mathematischer Zusammenhang zwischen vor- und nachgelagerten Indikatoren zu bestimmen und zu dokumentieren.

Im fortgesetzten Beispiel ist demzufolge zu untersuchen, wie sich die *durchschnittliche Änderungsantrags-Umsetzungszeit* auf den *Marktanteil* auswirkt. Von zentraler Bedeutung ist hierbei die Überlegung, dass im direkten Wettbewerb mit der Konkurrenz die zeitnahe Anpassung bzw. Erweiterung des Produktportfolios zu Marktanteilsgewinnen oder zumindest zur Beibehaltung von Marktanteilen führt.

Die Quantifizierung dieses Zusammenhangs erfolgt dabei möglichst auf der Basis der Analyse von Vergangenheitsdaten. Mittels multivariater Analyseverfahren wie bspw. Regressionsanalysen kann statistisch ermittelt werden, wie sich verkürzte Produkteinführungszeiten auf Marktanteile auswirken. Ein ähnliches Vorgehen wird von Kaplan und Norton für die Entwicklung von Ursache-Wirkungs-Beziehungen im Rahmen des Balanced-Scorecard-Konzeptes vorgeschlagen [Kaplan & Norton 1996, S. 43].

Im ausgeführten Beispiel könnte sich ergeben, dass eine um 30 Tage verzögerte Produkteinführungszeit gegenüber dem Wettbewerb durchschnittliche Marktanteilsverluste von 2 % zur Folge hat, da die Wettbewerber den Markt in der Zwischenzeit unter sich aufteilen. Man geht beispielhaft davon aus, dass der führende Wettbewerber durchschnittlich 6 Monate (180 Tage) für die Einführung eines neuen Produktes benötigt. Unter der vereinfachten Prämisse, dass im untersuchten Produkt- und Kundensegment ein Marktanteil von 22 % gehalten wird, ergibt sich damit folgende quantifizierte Wirkungsbeziehung:

$$M = 22 - ((UZ - 180) / 30) * 2$$

5.3 Ableitung von Zahlungsströmen

Der nächste Schritt auf dem Weg zur konsistenten Wirtschaftlichkeitsanalyse einer SOA ist die Ableitung von Zahlungsströmen im nun beschriebenen Wirkungssystem aus Indikatoren.

Grundsätzlich sollte die Analyse mehrere Perioden umfassen, um die zeitliche Entwicklung der Nutzenpotenziale sowie etwaige Zinseffekte abbilden zu können. Rechnet man nun das bis hierhin verfeinerte Modell mit den entsprechenden monetären Indikatoren periodenspezifisch durch, so ergeben sich daraus monetäre Outputgrößen.

Im Beispiel wäre es denkbar, dass sich die Produkteinführungszeit erst allmählich reduziert, weil sich die effizienzsteigernde Wirkung der SOA erst nach einer gewissen Lernphase entfaltet. Demnach könnten sich für die ersten drei Perioden des Untersuchungszeitraums folgende Werte für die Indikatoren UZ und M ergeben:

t	UZ	M
1	240 Tage	18,0 %
2	186 Tage	21,6 %
3	160 Tage	23,3 %

Aus den so berechneten Marktanteilswerten lassen sich leicht Einzahlungsströme ableiten, die sich hier beispielsweise aus Kontoführungsgebühren oder Zinseinnahmen ergeben.

5.4 Berechnung von Kennzahlen zur Beurteilung der Wirtschaftlichkeit

Mit der Verdichtung der zuvor abgeleiteten Finanzmittelströme zu finanzwirtschaftlichen Kennzahlen ist die Wirtschaftlichkeitsanalyse einer SOA-Architektur abgeschlossen. Neben dem Nettogegenwartswert (Kapitalwert) kann auch mit anderen Größen, wie beispielsweise dem Endwert oder auch ergänzenden Kennzahlen wie der Pay-off-Periode, gearbeitet werden. Zur Sicherstellung eines gleichermaßen konsistenten wie übersichtlichen Gesamtbildes empfiehlt sich die Erfassung der Zahlungsströme in einem vollständigen Finanzplan [Grob 1989, S. 5]. Hiermit lassen sich Kennziffern der dynamischen Investitionsrechnung leicht berechnen oder sogar direkt ablesen.

Es gilt zu beachten, dass viele betriebswirtschaftliche Werttreiber erst mit einer etablierten SOA realisiert werden können. Grundsätzlich ist davon auszugehen, dass Auszahlungen, die aus der Implementierung der SOA resultieren, den zu erwartenden Nutzen in den frühen Perioden deutlich übersteigen. Bei einem vorteilhaften Vorhaben wird sich dieses Verhältnis jedoch nach einigen Perioden drehen. Es ist somit zu erwarten, dass das Ende der Pay-off-Periode einer SOA erst nach einiger Zeit erreicht wird.

6 Ausblick

Rückblickend gilt es festzuhalten, dass der aktuelle Stand der Forschung Unternehmen in die Lage versetzt, ein Verständnis für die ökonomischen Zusammenhänge einer SOA zu entwickeln.

In der Zukunft werden weitere Feldforschungen in anderen Branchen den Katalog der Wirkungsbeziehungen des allgemeinen Modells noch erweitern. Die Vielfältigkeit der Beziehungen in nur zwei Branchen lässt dies bereits erwarten. Für den Prozess der unternehmensspezifischen Anpassung sollen darüber hinaus weiter gehende Gestaltungsempfehlungen entwickelt werden.

Empirische Untersuchungen von qualitativen und daraus abgeleiteten quantitativen Wirkungsmodellen sind dafür erforderlich. Die notwendige Langzeiterfahrung mit produktiven SOA-Systemen liegt momentan nicht vor und kann erst in den nächsten Jahren entstehen, da größere Volllastsysteme heute nur in wenigen Firmen eingesetzt werden. Zum jetzigen Zeitpunkt befinden sich noch viele Unternehmen im Bereich von Piloten und Simulationen.

7 Literatur

[Grob 1989] *Grob, Heinz Lothar:* Investitionsrechnung mit vollständigen Finanzplänen. Vahlen, München, 1989.

[Kaplan & Norton 1996] *Kaplan, Robert S.; Norton, David P.:* The Balanced Scorecard. Translating Strategy into Action. Harvard Business School Press, Boston, 1996.

Dipl.-Kfm. Benjamin Müller
Dipl.-Kfm. Götz Viering
Prof. Dr. Frederik Ahlemann
Prof. Dr. Gerold Riempp
European Business School
International University
Lehrstuhl für Wirtschaftsinformatik 2
Schloss Reichartshausen
65375 Oestrich-Winkel
{benjamin.mueller, goetz.viering, frederik.ahlemann, gerold.riempp}@ebs.edu
www.ebs.edu/wi2

Glossar Compliance & Risk Management

Bundesanstalt für Finanzdienstleistungsaufsicht (BaFin)
Die Bundesanstalt für Finanzdienstleistungsaufsicht (BaFin) beaufsichtigt und kontrolliert alle Bereiche des Finanzwesens in Deutschland (Allfinanzaufsicht). Sie untersteht der Rechts- und Fachaufsicht des Bundesministeriums der Finanzen (*www.bafin.de*).

Compliance
Unter Compliance wird die Einhaltung gesetzlicher und aufsichtsrechtlicher Regelwerke oder auch freiwilliger Kodizes verstanden. Beispiele für solche regulatorischen Anforderungen sind Basel II GDPdU, KonTraG oder der →Sarbanes-Oxley Act (SOX). Die Sicherstellung von Compliance im Allgemeinen ist eine wesentliche Aufgabe der Corporate Governance, liegt ein Bezug zur IT vor, dann auch der →IT-Governance.

Information Lifecycle Management
Information Lifecycle Management (ILM) umfasst Richtlinien, Prozesse, Praktiken und Werkzeuge, deren Zielsetzung es ist, für Informationen eine ihrem Geschäftswert angemessene und kosteneffiziente IT-Infrastruktur bereitzustellen. Wichtiger Bestandteil dieses Konzepts ist die systemübergreifende Verwaltung der Informationen von der Entstehung bis zu der Vernichtung. Die Zuordnung des Geschäftswerts und der geeigneten Infrastruktur erfolgt auf Basis eines Regelwerks, das sich aus Compliance-Anforderungen, unternehmensinternen Richtlinien und Bedürfnissen der Anwender ableitet.

IT-Compliance
IT-Compliance liegt vor, wenn alle für die IT des Unternehmens verbindlich vorgegebenen bzw. als verbindlich akzeptierten Regelwerke nachweislich eingehalten werden. Bei den Regelwerken kann es sich handeln um:

a) allgemein geltende rechtliche Vorgaben (d. h. Rechtsnormen, Rechtsprechung und Verwaltungsvorschriften sowie hierin jeweils in Bezug genommene sonstige Regelwerke)
b) Verträge (mit Kunden, Lieferanten, Dienstleistern etc.)
c) sonstige unternehmensexterne Regelwerke (Normen, Standards etc.)
d) unternehmensinterne Regelwerke (interne Richtlinien, Verfahrensanweisungen etc.)

IT-Compliance stellt als Teilbereich der →IT-Governance eine fachliche Spezialisierung der Corporate Compliance dar. Ein IT-Compliance-Management hat die Minimierung von Compliance-Risiken zum Ziel und bedarf somit der engen Kooperation mit dem IT-Risikomanagement.

IT-Governance
Unter Governance werden Grundsätze, Verfahren und Maßnahmen zusammengefasst, die zur Unterstützung und Durchsetzung der Unternehmensziele und -strategien beitragen sollen. Als integraler Teil der Unternehmensführung und abgeleitet aus der Corporate Governance strebt IT-Governance nach einer Ausrichtung der IT auf die Geschäftstätigkeit (IT-(Business-)Alignment), einem verantwortungsvollen Umgang mit IT-Ressourcen und den damit verbundenen Risiken sowie dem Erkennen und Nutzen von IT-inhärenten Wettbewerbsvorteilen. Sofern IT direkt betroffen ist oder auch nur mittelbar dazu beiträgt, gehört auch die Sicherstellung von →Compliance in den Bereich der IT-Governance. IT-Governance ist also das Regelwerk, das das Zusammenspiel von IT-Demand und IT-Supply in einer Organisation regelt. Sie legt fest, wer welche IT-Leistungen anbieten und erstellen darf und wer welche IT-Leistungen nachfragen und abnehmen darf. Mit CobiT (Control Objectives for Information and Related Technology) liegt ein bekanntes Referenzmodell vor, das die Umsetzung von IT-Gover-

nance in Organisationen unterstützen soll. Verantwortlich für die Umsetzung der IT-Governance ist der CIO.

Kreditwesengesetz (KWG)
Das Kreditwesengesetz (KWG) ist das Deutsche Gesetz über das Kreditwesen. Es gilt für Kreditinstitute und Finanzdienstleistungsinstitute. Hauptzwecke des KWG sind die Sicherung und Erhaltung der Funktionsfähigkeit der Kreditwirtschaft und der Schutz der Gläubiger von Kreditinstituten vor Verlust ihrer Einlagen. § 25a umfasst organisatorische Pflichten der Kreditinstitute, u. a. werden dort Pflichten der Kreditinstitute hinsichtlich der Informationssicherheit verankert.

Mindestanforderungen an das Risikomanagement (MaRisk)
MaRisk der →BaFin dient als Leitfaden für das Stufenmodell des »Supervisory Review Process« der zweiten Säule von Basel II. Im operativen Betrieb werden sie als Konkretisierung des § 25a des →KWG betrachtet. Unmittelbaren Bezug zur IT-Sicherheit haben die Teile AT 7.2 Technisch-organisatorische Ausstattung und AT 7.3 Notfallkonzept. MaRisk sind der zentrale Baustein für die qualitative, prinzipienorientierte Bankenaufsicht und -regulierung in Deutschland. Sie gelten für Kreditinstitute; für die »kleineren« Kreditinstitute (Höhe des Kreditrahmens $\leq$100 Mio. Euro) gelten Öffnungsklauseln, die ihnen Gestaltungsspielräume für individuelle Umsatzlösungen einräumen.

Revisionssicherheit
Im Rahmen der Revisionssicherheit wird sichergestellt, dass unternehmenskritische Daten im Nachhinein nicht mehr manipuliert oder überschrieben werden können. Gesetzlich ist dieses Gebot u.a im § 146 der Abgabenordnung geregelt; dort heißt es im Absatz 4: »Eine Buchung oder eine Aufzeichnung darf nicht in einer Weise verändert werden, dass der ursprüngliche Inhalt nicht mehr feststellbar ist. Auch solche Veränderungen dürfen nicht vorgenommen werden, deren Beschaffenheit es ungewiss lässt, ob sie ursprünglich oder erst später gemacht worden sind.«

Risk Management/Risikomanagement
Risikomanagement (RM) richtet sich als Teilbereich der Managementverantwortung auf die mit vergangenen, gegenwärtigen und künftigen Aktivitäten des Unternehmens verbundenen Risiken, die es zu vermeiden oder zu minimieren gilt. Die Wahrnehmung von RM prägt sich in der Einrichtung eines Risikomanagementsystems aus, dessen Kern gewöhnlich der RM-Prozess bildet. Dieser wird in einzelne funktionale Phasen gegliedert, wie Risikoidentifikation, -bewertung, -behandlung, -überwachung und Risikoreporting. Für ein vollständiges Risikomanagementsystem müssen weitere Elemente berücksichtigt werden, vor allem risikoorientierte Managementprinzipien (Risikostrategie bzw. -politik, Richtlinien etc.), eine Risikomanagementorganisation, definierte Verfahren und Instrumente des Risikomanagements sowie die Risikokultur des Unternehmens.

Sarbanes-Oxley Act (SOX)
SOX ist ein auf das Jahr 2002 datiertes US-Bundesgesetz. Er gilt für die amerikanischen und ausländischen Unternehmen (und deren Tochterunternehmen), deren Wertpapiere in den USA angeboten werden. Das Ziel des Gesetzes ist es, das Vertrauen der Anleger in die Verlässlichkeit der Finanzberichterstattung der Unternehmen wieder herzustellen. Zwischen den zahlreichen Paragraphen des Gesetzes erlangte die sogenannte »Section 404« besondere Aufmerksamkeit. Darin sind Vorgaben zur Beurteilung und Bewertung von Wirksamkeit des internen Kontrollsystems (IKS) enthalten.

Zugriffskontrolle
Die Zugriffskontrolle regelt den Anwenderzugriff auf die IT-Infrastruktur im Allgemeinen und im Speziellen auf Daten und Funktionen innerhalb von Informationssystemen. Sie dient dazu, die Integrität, Vertraulichkeit und Verfügbarkeit von Daten und Informationen sicherzustellen. In vielen Informationssystemen steht ein feingranulares Zugriffsrechtesystem zur Verfügung, sodass sich auch komplexe organisationale Strukturen abbilden lassen. Gängige Mechanismen im Rahmen der Zugriffskontrolle sind die rollenbasierte Rechtevergabe und die Definition sogenannter Zugriffskontrolllisten (Access Control Lists, ACL). Eine große Herausforderung besteht darin, die Zugriffsrechte einzelner Anwender über die Grenzen von Informationssystemen hinweg konsistent zu halten.

Notizen

2008 Annual Report: IT Governance, Risk and Compliance – »Geschäftsergebnisse verbessern und finanzielle Risiken minimieren«

IT-Governance, Risk Management und Compliance (GRC) hat die Herausforderung, eine adäquate Balance zwischen Business-Nutzen und Geschäftsrisiko herzustellen.

Der Reifegrad, wie IT-GRC in den Unternehmen in der Praxis umgesetzt wird, entscheidet maßgeblich über Chance und Risiko und hat einen direkten Einfluss auf die gesamte Organisation.

IT-GRC kann bei adäquater Anwendung im Unternehmen dazu beitragen, dass

- ein größerer Nutzen bei der Umsetzung der IT-Strategie, den IT-Investitionen und der IT-Einbindung in die Unternehmensstrategie erreicht werden kann,
- deutlich reduzierte Geschäfts- und finanzielle Risiken durch die IT-Nutzung entstehen und
- die Einhaltung von unternehmensinternen sowie externen Regeln/Gesetzen sichergestellt werden kann.

Der auf der von Symantec gesponserten Webportalseite der *www.compliancehome.com/symantec/* zu findende »2008 Annual Report« (White Paper – Free Download) stellt interessante Erkenntnisse einer Untersuchung/Umfrage bei weltweit mehr als 2.600 Unternehmen bereit, die Aufschluss über die Zusammenhänge des IT-GRC-Reifegrades und des Geschäftserfolges geben. Des Weiteren werden diejenigen Ansätze und Praktiken herausgestellt, die maßgeblichen Einfluss auf Nutzen und Risiko einer IT-GRC-Ausprägung in Unternehmen haben.

Masterstudiengang Risikomanagement und Compliancemanagement

Die Fachhochschule Deggendorf bietet zum Sommersemester (März) 2009, zusammen mit dem Kooperationspartner TÜV SÜD sowie dem Portal RiskNET, einen weiterbildenden Masterstudiengang Risikomanagement und Compliancemanagement (M. A.) an. Der Weiterbildungs-Masterstudiengang Risikomanagement und Compliancemanagement soll Hochschulabsolventinnen und -absolventen, die ihr Leistungspotenzial schon unter Beweis stellen konnten, vermitteln, wie Risikomanagement- und Compliancemanagementkompetenzen erlangt werden können.

Weitergehende Informationen befinden sich unter:

www.risknet.de/Konferenzen-Seminare.75.0.html?&tx_galileoevents_pi1%5bshowUid%5d=104&tx_galileoevents_pi1%5bm%5d=09&tx_galileoevents_pi1%5ba%5d=2008&cHash=25124be4f8

www.compliancemagazin.de

Diese Website bietet eine aktuelle und vielseitige Mischung zum Thema Compliance:

Gesetze/Standards, Markt, Produkte, Services, Branchen, Fachbeiträge, Corporate Governance, Literatur, Compliance-Archiv, Compliance-Lexikon, Success Stories, Wer bietet was? Schulungen, Presseschau, Security-News, Compliance-Shop, Compliance-Zeitschrift, Specials.

IIR Deutschland GmbH

IIR Deutschland GmbH bietet zum Thema Compliance & Risk Management folgende Veranstaltungen an:

Corporate Data Quality und Data Governance (Seminar)
05.11.2008 - 06.11.2008 München
13.01.2009 - 14.01.2009 Mainz

Unter fachlicher Leitung von Dr. Boris Otto, Leiter Kompetenzzentrum Corporate Data Quality (CCDQ) Universität St. Gallen.

Themen:

- Corporate Data Quality Management (CDQM) in der Praxis
- Data Governance – Aufbau und Umsetzung
- Data Quality Scorecards
- Informationsarchitektur – Analyse und Entwurf
- Maturity Model für CDQM

Compliance-Anforderungen in der IT (Seminar)
20.10.2008 - 21.10.2008 Wiesbaden
09.12.2008 - 10.12.2008 Freising bei München

Dieser Kurs vermittelt Grundwissen und richtet sich an alle, die sich für grundlegende Informationen und Fragestellungen des Themenbereiches interessieren: Führungskräfte und leitende Mitarbeiter aus den Bereichen IT, Revision, Controlling, IT-Sicherheit, Risikomanagement, CEOs und CIOs, IT-Leiter, Geschäftsführer, Wirtschaftsprüfer, Rechtsanwälte und Unternehmensberater, Compliance-Beauftragte und Mitglieder von Auditkomitees.

IT-Qualität Forum 2008
19.11.2008 - 21.11.2008 München

Themen:

- IT-Governance & IT-Compliance – Anforderungen an das IT-Qualitätsmanagement
- Erfahrungsberichte zu Modellen, Methoden und Vorgehen – ITIL V3, CMMI, SIX Sigma, ISO 20000
- Weiche Faktoren in der IT-Qualität
- Qualitätssicherung im Fokus von Fusionen, Lieferanten und Prozessmanagement

Informationen unter: *www.iir.de*

Prof. Dr. Knut Hildebrand
knut.hildebrand@t-online.de

Dipl.-Kfm. Stefan Meinhardt
stefan.meinhardt@sap.com

Bücher

Isabell Jäger, Rolf Schumann, Werner Tiki Küstenmacher

Simplify your IT

Campus Verlag, Frankfurt am Main, 2006, 144 S., € 9,90, ISBN 978-3-59338240-1

Die Autoren des Buches haben sich das Ziel gesetzt, dem Leser auf unkomplizierte Weise zu erklären, warum eine vereinfachte IT strategische Vorteile birgt bzw. erzeugt. In Anlehnung an den Bestseller »Simplify your life« soll die IT entrümpelt werden, um Ballast abzuwerfen und Raum zu schaffen für Neues.

Nach einer historischen Betrachtung der IT-Entwicklung beleuchtet das Autorenteam das Konzept der serviceorientierten Architekturen (SOA) mit ihren Vorteilen für die Geschäftsprozesse, unterstützt durch konkrete und leicht nachvollziehbare Beispiele. Core- und Context-Prozesse werden kategorisiert, Kernkompetenz und Kerngeschäft differenziert. Darauf aufbauend propagieren die Autoren die Konsolidierung: Aufräumen schafft Platz für Innovationen. Hierbei wird sehr viel Wert gelegt auf das Thema Datenqualität, -pflege und -verantwortung – ein Problem, das praktisch überall anzutreffen ist und oft unterbewertet wird.

Im anschließenden Kapitel »Outsourcing« werden sowohl die Gefahren als auch die richtige Vorgehensweise mit ihren Vorteilen dargestellt. SOA und Outtasking kommen ins Spiel, das Ökosystem eines Unternehmens (Communities, Netzwerke usw.) wird skizziert. Zum Ausklang schließt sich der Kreis, indem – unterstützt durch 25 Tipps – der Weg von der klassischen Informationstechnologie über Konsolidierung und SOA hin zu einer strategischen Technologie nochmals argumentativ nachvollzogen wird.

Es handelt sich – für den fachkundigen Leser – um ein leicht verständliches Buch, das bekannte Themen aufgreift und schön verpackt, ohne viel Neues zu bringen. Allerdings ist diese Leichtigkeit manches Mal nicht ausreichend fundiert, so wird etwa die New York Times zitiert (S. 51) ohne eine Quellenangabe (!) oder von Technologien gesprochen, obwohl Techniken gemeint sind. Mal heißt es Ökosystem, dann wieder Öko-System, das Abkürzungsverzeichnis ist unvollständig – simplify your book? Man hätte mehr erwartet, sowohl inhaltlich als auch handwerklich (»Simplify your life« ist viel besser). Dennoch ist das Büchlein zu empfehlen, einfach um diese Sichtweisen kennenzulernen und um von den guten Tipps zu profitieren.

Wolfgang Johannsen, Matthias Goeken

Referenzmodelle für IT-Governance

Strategische Effektivität und Effizienz mit COBIT, ITIL & Co

dpunkt.verlag, Heidelberg, 2007, 261 S., € 44,00, ISBN 978-3-89864-397-9

Aktuelle Anforderungen an die IT zu analysieren, unter dem Fokus IT-Governance und Best-Practice-Methoden, ist das Ziel dieses Buches. Der Schwerpunkt liegt dabei auf der Darstellung von Referenzmodellen und Standards, im Mittelpunkt steht CobiT.

Das erste Kapitel erläutert kurz die Motivation und Vorgehensweise. Es trägt – wie leider oft zu finden – die Kapitelüberschrift »Einleitung«, was phantasielos und wenig aussagekräftig scheint, da es ein Metabegriff ist. Besser wäre ein konkreter Bezug zum Thema, etwa »Governance und IT – neue Herausforderungen«. Das zweite Kapitel geht ausführlich auf den Wertbeitrag und die neue Rolle der IT ein und gibt einen Überblick über die Begriffe und Aufgaben im Themenfeld IT-Governance.

Den inhaltlichen Hauptteil des Buches bildet Kapitel drei: »Das CobiT-Referenzmodell«. Dieser systematische Ansatz zur Unterstützung der IT-Governance wird detailliert vorgestellt und diskutiert. Hier haben die Autoren sich viel Mühe gegeben, man merkt, dass ein umfangreiches Wissen vorhanden ist. Viele Grafiken, Tabellen und Beispiele unterstützen den Leser – sehr erfreulich!

In den Kapiteln vier (Val-IT-Referenzmodell mit dem Business Case) und fünf werden ergänzend weitere Modelle – ITIL, ISO/IEC, CMMI – vorgestellt. Sie ergänzen CobiT um zusätzliche Themen, zum Beispiel betriebswirtschaftliche Aspekte. Im sechsten Kapitel wird auf die Herausforderungen der SOA im Hinblick auf IT-Governance eingegangen, auch wieder kompetent behandelt und grafisch sehr gut unterstützt.

Kapitel sieben bildet den Abschluss des Theorieteils mit einem Vergleich der Referenzmodelle. Es folgen ein nützliches Praxisbeispiel »Bewertung von Applikationsportfolios und IT-Prozessen« von Steria Mummert Consulting sowie die zusammenfassende Schlussbetrachtung. Ein gutes Abkürzungs- und Literaturverzeichnis sowie der Index runden das wohlgelungene Buch positiv ab. Es kann der angegebenen Zielgruppe, IT-Führungskräfte u. a., uneingeschränkt empfohlen werden.

Prof. Dr. Knut Hildebrand
Hochschule Darmstadt
Fachbereich Wirtschaft
Haardtring 100
64295 Darmstadt
Knut@Hildebrand.info

Vorschau*

HMD 264: Wertorientiertes IT-Servicemanagementt (12/08)

- IT Service Management als Treiber der IT-Industrialisierung
- Empirische Ergebnisse zu Status und Potenzialen
- Service Governance
- ITILv3-Cobit-Mapping
- Nachhaltigkeit im IT-Betrieb durch Riskomanagement
- Framework zur Steuerung konzerninterner IT-Dienstleister
- Kundenorientierte Beschreibung von IT-Produkten

HMD 265: eGovernment (02/09)

Die Bürokratielast für Unternehmen und Bürger senken, Verwaltungsverfahren beschleunigen und die Abläufe zwischen Verwaltung und Wirtschaft vollständig elektronisch abwickeln – dies sind wichtige Ziele der Einführung elektronischer Geschäftsprozesse in Verwaltungsorganisationen. Unter dem Stichwort eGovernment wird in einer Vielzahl von Pilotprojekten, Initiativen und Rahmenplänen eBusiness in der Beziehung Verwaltung – Bürger, Verwaltung – Wirtschaft oder Verwaltung – Verwaltung realisiert. Damit haben die dort unterstützten Prozesse und Ansätze eine hohe Bedeutung für die gesamte Gesellschaft und Wirtschaft.

HMD 265 beleuchtet den aktuellen Status der Realisierung des eGovernment unter der Perspektive der Wirtschaftsinformatik. Es stellt Grundprinzipien und Architekturen sowie Projekte mit Leuchtturmcharakter bzw. Fallstudien dar, unter Berücksichtigung der Besonderheiten der Realisierung von IuK-Anwendungen in diesem Bereich.

Im Einzelnen werden folgende Themen behandelt: der integrierte Verwaltungsarbeitsplatz, Landes- bzw. Stadtportale, Datenschutz und elektronische Signatur, Shared Service Center für die öffentliche Hand, Geschäftsprozess-Engineering in der öffentlichen Verwaltung, Interoperabilität im eGovernment, eInclusion und eParticipation.

Dr. Josephine Hofmann
Fraunhofer IAO Stuttgart
josephine.hofmann@iao.fhg.de

Dr. Siegfried Reich
Salzburg Research Forschungsgesellschaft m. B. H.
sreich@salzburgresearch.at

HMD 266: Prozessmanagement (04/09)

Prozessmanagement als Grundlage für die effektive und effiziente Planung, Steuerung und Kontrolle von unternehmerischen Abläufen hat sich in den letzten Jahren etabliert. Prozesse setzen Unternehmensstrategien um und sind ihrerseits das Leitmedium für die IT – so lautet zumindest die reine Lehre.

Wie sieht die Wirklichkeit aus? Was haben wir in den letzten Jahren im Umfeld des Prozessmanagements gelernt? Was kann man davon erwarten? Wie wird es umgesetzt? Welche Werkzeuge unterstützen dabei? Was ist strategisches, was ist operatives Prozessmanagement?

Prozessmanagement ist kein Fall für Ihre Rechtsabteilung – es betrifft jeden, der für optimierte Abläufe im Unternehmen verantwortlich ist.

Mit einer Vielfalt von Informationen werden wir Ihnen das Thema näher bringen. Fachleute aus Wissenschaft und Praxis werden Ihnen einen Einblick in modernes Prozessmanagement verschaffen: Was es leisten muss, was es leisten sollte, was es leisten kann und was man in Zukunft erwarten darf.

Dr. Stefan Reinheimer
reinheimer@bik.biz

* Änderungen vorbehalten

HMD 267: eCollaboration (06/09)

eCollaboration bezeichnet die IKT-gestützte Zusammenarbeit zwischen Menschen in Projekten und Prozessen. Zahlreiche Entwicklungen führen dabei zu einer stetig steigenden Relevanz von Kommunikations- und Kollaborationssystemen (KuK) für die betriebliche Wertschöpfung. Reorganisationsprojekte, Internationalisierung, Fusionen und Kooperationen in Netzwerken haben zur Folge, dass immer häufiger in verteilten Teams gearbeitet wird, die Raum- und Organisationsgrenzen überspannen. Insbesondere Wissensarbeit erfordert dabei die effektive Kommunikation und Zusammenarbeit, um Informationsfluss und Wissensaustausch zu gewährleisten. Hinzu kommt die Erkenntnis, dass in operativen Geschäftsprozessen die interpersonale Kommunikation nach wie vor eine wesentliche Rolle spielt, allen Automatisierungsbemühungen zum Trotz.

Während verteilte Zusammenarbeit weite Verbreitung findet, ist sie doch mit vielfältigen Problemen verbunden: Mitarbeiter sind schlecht erreichbar, die Entscheidungsfindung ist aufwendig, Koordinationsverluste treten auf. IKT wird hier von ihren Herstellern oft als Lösung solcher Probleme präsentiert. Es zeigt sich jedoch, dass der intensive Einsatz von IKT ebenso unerwünschte Effekte mit sich bringt: Es kommt zu Missverständnissen, die Kommunikationskomplexität und -intensität steigt stetig an, der Arbeitsalltag präsentiert sich fragmentiert. In diesem Spannungsfeld kann die Wirtschaftsinformatik einen wesentlichen Beitrag zum Verständnis IKT-basierter Zusammenarbeit leisten sowie zur methodischen Unterstützung der Gestaltung und Einführung solcher Systeme in Organisationen.

Im Rahmen des Schwerpunktheftes werden Aspekte der Gestaltung, Einführung und Nutzung verschiedener KuK-Technologien behandelt. Neben konzeptionellen Beiträgen und Fallstudien zeigen Erfahrungsberichte von Unternehmen auf, wie KuK effektiv eingeführt und genutzt werden können.

Dr. Kai Riemer
wikari@wi.uni-muenster.de

Prof. Dr. Susanne Strahringer
susanne.strahringer@tu-dresden.de

Neben dem jeweiligen Schwerpunkt werden auch andere aktuelle Themenstellungen behandelt.

Wenn Sie zu einem der oben genannten Hefte einen Beitrag leisten wollen oder Anregungen haben, wenden Sie sich bitte an den zuständigen Herausgeber oder die Redaktion (Anschrift siehe Impressum). Wenn Sie sichergehen wollen, dass Ihr Vorschlag bei entsprechender Eignung berücksichtigt werden kann, wenden Sie sich bitte spätestens ca. 6–8 Monate vor Erscheinungstermin des jeweiligen HMD-Heftes an uns.

Stichwortverzeichnis

Dieses Stichwortverzeichnis umfasst alle HMD-Beiträge ab Heft 253 (Februar 2007). Stichwörter vor Heft 253 finden Sie im Jahresregister 2002–2006 unter *http://hmd.dpunkt.de/archiv.*